镁合金
表面超声微弧氧化涂层
制备技术

曲立杰　著

U0336111

化学工业出版社

·北京·

镁合金是应用广泛的有色金属材料，被称为最有发展前途的绿色工程材料。本书系统阐述了超声和微弧氧化技术对镁合金的强化和保护，并对产生的涂层的组织、结构、元素含量和性能进行了详尽分析。

本书可作为材料相关领域技术人员的参考书，也可作为高等院校材料科学与工程相关专业的教学参考书。

图书在版编目（CIP）数据

镁合金表面超声微弧氧化涂层制备技术/曲立杰著．
—北京：化学工业出版社，2020.3
ISBN 978-7-122-36128-8

Ⅰ．①镁…　Ⅱ．①曲…　Ⅲ．①镁合金-高温抗氧化涂层-研究　Ⅳ．①TG178.2

中国版本图书馆 CIP 数据核字（2020）第 021897 号

责任编辑：邢　涛　　　　　　　　　文字编辑：林　丹
责任校对：王　静　　　　　　　　　装帧设计：韩　飞

出版发行：化学工业出版社（北京市东城区青年湖南街 13 号　邮政编码 100011）
印　　装：涿州市京南印刷厂
710mm×1000mm　1/16　印张 10¾　字数 175 千字　2020 年 7 月北京第 1 版第 1 次印刷

购书咨询：010-64518888　　　　　　售后服务：010-64518899
网　　址：http://www.cip.com.cn
凡购买本书，如有缺损质量问题，本社销售中心负责调换。

定　　价：98.00 元　　　　　　　　　　　版权所有　违者必究

前　言

随着疾病、创伤以及老龄化等问题的出现，人类对于骨替代材料的需求越来越多。目前临床所用的金属骨接板及骨钉固定材料多为不锈钢、钴基和钛基合金，短期植入需要二次取出，应用中由于弹性模量与人骨组织不相匹配，会产生应力遮挡效应，导致愈合迟缓、后期的骨质疏松及骨的力学强度下降。同时在人体环境中合金释放出的铬、铌、钒和镍等离子可能引起有害的组织反应，如钛合金中的镍具有高的细胞毒性、基因毒性、致癌性和诱变性。

镁是最轻的金属，镁合金的特点是密度小、比强度高、弹性模量大、消振性好、承受冲击载荷能力超过铝合金，目前已应用于航空、航天、交通、机械等工业部门以及一些民用领域。又因为镁及镁合金的弹性模量与人骨相接近，其具有适当的力学性能和优良的生物性能等特点，能够在骨折愈合的初期提供稳定的力学环境，防止局部骨质疏松和再骨折，但由于在体内降解过快而在一定程度限制了其在临床上的应用。各种表面改性技术的开发，使镁合金作为骨固定材料具有很大的潜力，镁及其合金作为生物医用材料重新引起国内外学者们的极大兴趣。

我国是镁产业大国，我国的镁资源储藏量、原镁产量、镁及镁制品出口量稳居全球第一，2017 年我国原镁产量达 102 万吨，占全球原镁产量的 80% 以上。镁及镁合金的应用领域不断扩大，加之地球上镁资源蕴藏丰富，几乎可以说是"取之不尽，用之不竭"，因此，镁及镁合金被称为 21 世纪最有发展前途的绿色工程材料。同时可降解金属在欧美被誉为是一类革命性的金属生物材料，我国的可降解金属研究与国际同步且水平相当，特别是可降解镁合金的设计与制备、表面改性、降解行为、生物相容性等方面已开展了大量的探索研究工作并已开始进入临床应用研究阶段。

本著作系统地阐述了超声与微弧氧化技术二者复合，在具有潜在生物应用前景的可降解镁合金表面制备富含 Ca、P 元素的复合涂层的技术。研究了不同超声功率作用下的微弧放电过程、涂层的形成机理、涂层表面及断面形貌、微观结构、相组成、元素含量、摩擦磨损、体外模拟腐蚀和动物体内植入等。

全书共分为八章，主要内容包括微弧氧化镁合金钙磷生物涂层的制备、超声在微弧放电过程中的作用、超声微弧氧化镁合金涂层的组织结构与性能、镁合金超声微弧氧化涂层体外腐蚀性能、镁合金超声微弧氧化涂层体内生物学评价、超声微弧氧化含氮氧化镁涂层的制备与研究以及医用镁合金研究展望。

研究获得如下创新：①阐明了超声对微弧氧化放电过程的影响机制，超声可减少溶液与阳极界面处气泡团数量，使得溶液中消耗的电压降减小，提高有效放电电压，使得微弧氧化过程放电击穿概率增加，持续放电时间延长。②研究发现超声的扰动作用使晶粒得到细化，枝晶生长被抑制，有利于提高界面处镁合金基体的致密度，使涂层致密层厚度增加，进而提高镁合金的耐蚀性能。③超声增加了微弧氧化生物涂层的活性钙磷盐的沉积量和 Ca/P 比，提高了生物活性，改善了成骨性能，动物体内种植体与骨组织界面产生的新生骨和密质骨均多于常规微弧氧化种植。④成功地制备了含氮氧化镁生物涂层材料。

本书涉及医用镁合金表面处理及相关生物活性的多学科领域，既可作为从事医用镁合金研究与应用的科研人员、相关临床医生的参考资料，又可作为高等院校相关专业的本科生和硕士研究生的教学参考书。

本书在李慕勤老师的指导下完成，特此表示衷心地感谢！

曲立杰

目 录

第3章　超声在微弧放电过程中的作用　36

第4章　超声微弧氧化镁合金涂层的组织结构与性能　50

第 5 章　镁合金超声微弧氧化涂层体外腐蚀性能　91

第8章　医用镁合金研究展望　　158

第 1 章

绪 论

1.1 医用镁合金国内外研究现状及分析

随着疾病、创伤以及老龄化等问题的出现,人类对于骨替代材料的需求越来越多。目前临床所用的金属骨接板及骨钉固定材料多为不锈钢、钴基和钛基合金,短期植入需要二次取出,应用中由于弹性模量与人骨组织不相匹配,会产生应力遮挡效应,导致愈合迟缓和后期的骨质疏松及骨的力学强度下降。同时在人体环境中合金释放出的铬、铌、钒和镍等离子可能引起有害的组织反应,如钛合金中的镍具有高的细胞毒性、基因毒性、致癌性和诱变性。镁及镁合金的弹性模量与人骨相接近(镁:40~45GPa;皮质骨:10~27GPa;钛:110GPa;不锈钢:193GPa),其具有适当的力学性能和优良的生物性能等特点,能够在骨折愈合的初期提供稳定的力学环境,防止局部骨质疏松和再骨折,但由于在体内降解过快而限制了其在临床上的应用。各种表面改性技术的开发,使镁合金作为骨固定材料具有很大的潜能,镁及其合金作为生物医用材料重新引起国内外学者们的极大兴趣。

可降解金属在欧美被誉为是一类革命性的金属生物材料:欧盟正通过第七框架下的 People Programme(Marie Curie Actions)滚动支持研究开发新型可降解镁合金;美国国家自然科学基金会于 2008 年批复"革命性医用金属材料"工程研究中心,投资 1800 万美元用于可降解镁合金材料及植入器件的研究。2007 年德国 BIOTRONIK 公司在《柳叶刀》杂志上发表了镁合金裸支架的临床研究成果,2013 年 1 月又在《柳叶刀》杂志上发表了镁合金冠脉药物洗脱支架临床研究成果。2013 年 2 月 Nature 子刊给予高度评价,指出"可吸收支架的梦想变为现实"。2013 年德国 Syntellix AG 公司开发的 MAGNEZIX® 可降解镁合金压缩螺钉成为全世界第一个获得 CE 认证的骨科产品,用于小骨和骨碎片的固定。2014 年韩国药监局批准了 Mg-Zn-Ca 合金手掌骨骨折骨钉产品上市。上述事实使得我们有理由看好可降解金属的未来临床应用。

我国的可降解金属研究与国际同步且水平相当,特别是可降解镁合金的设计与制备、表面改性、降解行为、生物相容性等方面已开展了大量的探索研究工作并已开始进入临床应用研究阶段。我国也是率先在国际上开展了可降解金属的临床试验研究的国家(目前仅有德国、中国和韩国);国家食品药品监督管理局医疗器械技术审评中心的创新产品绿色通道已经批准注氮铁支架和纯镁骨钉产品开展临床试验。

1.1.1 医用镁合金的临床应用优势

目前，在生物材料研究领域中，可降解种植体材料成为研究热点。作为骨修复材料，一旦植入到人体内，如果能够逐渐被溶解、吸收、消耗或者排出体外将避免进行二次手术，这就要求可降解生物材料具有腐蚀特性。镁的化学活性极强，在高温下能够在空气中发生氧化反应甚至燃烧，正是由于其活泼的化学性质而使得其耐蚀性能很差，该特点是镁及其合金在使用过程中不可忽视的。在金属材料中镁具有极低的电位，其标准电极电位为$-2.37V$，因此其极易被氧化生成氧化镁膜层，然而氧化镁膜层疏松，不能阻止金属的进一步氧化，而且氧化镁与水反应生成氢氧化镁，进而加速了镁的腐蚀。人们正是利用金属镁这一特点，开发了医用镁及镁合金骨板骨钉、心血管支架等。心血管支架方面的研究表明，镁作为系统和冠状动脉支架参与了机体的矿化过程，如肌肉收缩、成为ATP酶联合因子、生理钙对抗组织局部坏死和凝血部位的钙过量。镁降低了血管阻力而增加了心脏指数，细胞外高的镁浓度不仅能够降低血管紧张度，而且能够降低血压。生物可降解镁合金克服了传统的医用材料如铁、钴、镍以及不锈钢等材料容易产生的问题，如血管再狭窄、血栓、永久性物理刺激以及对人体的不适应等。

德国著名学者Witte F及其团队研究表明，镁合金是一种具有潜在的生物医用价值的生物医学材料。镁元素是人体内的主要营养元素之一，镁合金作为生物植入材料，能够很好地诱导缺损骨的再生。与目前临床应用的医用金属材料相比，镁及镁合金具有如下特点：

（1）镁是人体中重要的元素，人体中存在大量的镁。成人平均含有镁$21\sim28g$，其中50%以上存在于骨组织中，35%～40%的镁存在于软组织中，血清中含有不到1%的镁。镁参与人体中许多新陈代谢和生物反应，能够保持人体功能的完整性，稳定DNA和RNA结构。同时骨骼系统中的镁对骨的强度和生长十分有益。

（2）镁及镁合金与人骨接近的密度和弹性模量能够降低骨/种植体界面应力，刺激骨生长并增加种植体的稳定性。

（3）镁及镁合金与其他金属和聚合物基种植体相比较，具有优异的物理和力学性能；与陶瓷生物材料相比具有更大的断裂硬度；与可降解塑料相比具有高的强度。因此，镁及镁合金更适合作为骨修复材料。

（4）镁合金对人体无毒害作用，溶解的镁因能够被人体吸收或排出体外而不会产生副作用，对人体是安全的。

（5）缺乏镁可导致心血管等方面的疾病，低血清镁容易患神经性外周动脉症。

（6）镁及镁合金资源丰富，价格低廉。

1.1.2 医用镁合金的临床应用局限性

尽管镁及其合金具有很多优点，但是用作可降解生物医用材料因其在体内环境下的快速腐蚀而受到制约，其表现如下：

（1）镁在生理环境下可以产生氢气。伤口内的气泡将影响伤口愈合而导致病人死亡。

（2）过快的降解使得体液环境局部 pH 值显著升高。如果镁合金种植体临近的区域 pH 值发生改变并超过 7.8 而引发碱中毒，就会引起环境细胞死亡。

（3）种植初期具有过快的降解速率，后续的降解不能得到控制，使得植入期间材料的机械强度和完整性难以保持，从而不能保证创伤愈合。

（4）腐蚀产物超出人体可以接受的范围。因此，发展镁及镁合金可降解医用材料的首要任务是控制镁在体液环境中的腐蚀速率。

由于镁合金的可降解及生物相容性特点，目前将镁合金作为生物医用材料成为研究热点。从生物相容性及力学性能方面考虑，与传统的医用植入金属材料 Ti、Co、Ni 以及不锈钢相比，镁合金是最具有潜力的医用植入金属材料。

但是由于其具有极其低的电极电位，从而使得其在生理环境下的腐蚀速率过快。理想的生物材料，其降解速率必须与新骨形成速率一致，因此降解过快是妨碍镁和镁合金成为生物材料的主要障碍。因此，材料界及医学界的专家十分关注镁合金生物医用方面的研究。

1.1.3 医用镁合金临床应用研究

继 1808 年 Humphrey Davy 发现镁元素之后，生物可降解镁种植体的研究就开始了。1878 年，Edward C. Huse 医生将镁线作为绷带来止血，成功地在桡动脉上应用一次，在静脉上应用两次，并且发现镁线在体内的降解时间与镁线的尺寸有关。生物可降解镁合金种植体的研究方面最具有影响的先驱者是奥地利医生 Erwin Payr，1892 年他开始对生物镁合金进行研究，在血管支架的临床应用和报道激发了许多临床医生对可降解镁合金在不同的治疗领域中的研究兴趣。1900 年，Payr 提出体内组织氧化、含水量、二氧化碳、血液中出现溶解的盐、细胞内的化学过程均与镁在体内的腐蚀相关联。由于镁的腐蚀速率的控制问题没能得到解决，许多医生倾向于使用更加耐蚀的 V2A 不锈钢作为临床应用的种植材料。因此，作为生物可降解材料的镁的研究在很大程度上受到了限制。但是有报道称 1938 年 McBride 采用 Mg-Al-Mn 的螺钉、夹板和带箍治疗骨折并进行骨移植，结果没有造成发炎或者骨质疏松，此外镁还促进了骨膜组织的生长和骨的沉积变硬。1907 年，Lambotte 应用一个纯镁内固定板和镀金的钢钉来固定包括下肢骨在内的骨折，由于在植入后纯镁的分解过快，使得皮下产生大量的气泡而失败。1944 年，有学者利用镁-镉合金板和钉来固定多种形式的骨折，在所治疗的 34 例患者中，血清中镁离子浓度没有增高。6～8 周植入时间内，镁合金植入物仍然能够保持完整的力学性能，并且在经过 10～12 个月后能够完全降解。1945 年，Znamenskin 使用镁合金治疗了两位年轻人的枪伤，6 周后骨折愈合，镁夹板降解完全，没有发现周边区域有炎症等。镁合金植入的多个成功的病例使得人们对镁合金作为生物应用材料的研究一直没有间断，直到 2013 年德国 Syntellix AG 公司开发的镁基可降解种植体 Magnezix® 得以商业化，并首先被投入欧洲市场。截至 2018 年已有 4000 个 Magnezix® 螺钉在全球范围内被销售。

镁合金除了被用作骨板、骨钉外，其作为可降解支架也成为人们研究的热点。德国学者 B Heublein 及其团队在 1998 年已经开始研究生物可降解镁合金支架。2003 年，该学者利用 AE21 镁合金的材料制成冠状动脉血管支架，将 20 个支架植入到 11 头家猪体内的冠状动脉处进行研究，除了一头猪死亡外其余 10 头全部存活，而且所有支架均无任何血栓现象，得出结论为可降解镁合金血管支架取代永久植入材料是可行的。2006 年，德国 Biotronik 公司推出了改进的 AMS（absorbable magnesium stent）镁合金支架，该支架采用 WE43 镁合金，依据其长度不同其质量在 3～6mg 范围内，图 1-1 为改进的 AMS 图。从 2003 年 11 月到 2004 年 1 月，AMS 支架植入 20 名由于下肢高度狭窄而造成的下肢严重缺血患者体内，此间除了一名患者死去，其余患者三个月后下肢均被保住，主要临床畅通率为 89.5%（17/19）。Zartner P 等人将 AMS 植入到早产儿肺动脉中，检测血清镁含量在 48h 内恢复正常。

DiMario C 等人研制了可吸收药物洗脱支架，描述了第一个镁基可降解支架，控制镁合金向血管内的释放，使得镁合金有利于抗血栓、抗心律失常、抗增生，并且讨论了动物实验和初步的 20 例临床应用。2009 年《现代材料动态》报道我国中科院金属所的可降解镁合金心血管支架实验获得成功。由杨柯研究员领导的生物医用材料与器件课题组，采用 AZ31 镁合金作为可降解材料加工成心血管支架，通过表面改性处理实现镁合金支架的分段可控降解，同时制备了携带药物的可降解聚合物涂层，使其在血管病变部位缓慢释放抑制内膜增生。在 4 个月的动物实验中，14 只兔子存活状态良好，植入部位血管通畅，无血栓生成。

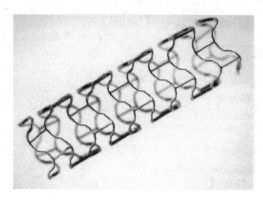

图 1-1　改进的 AMS 图

1.2　控制医用金属镁降解速率的方法

可降解镁合金是一种极具潜力的骨移植、骨替代生物医用材料，但是其过快的降解速率急需得以控制。降低镁合金的腐蚀速率才能有效地控制腐蚀产物生成的速率，使得人体能够逐渐吸收和消耗掉腐蚀产物，以适应少量的氢气及碱性环境。基于此，国内外学者专家采用多种方法提高镁合金的耐蚀性能。

1.2.1　高纯镁

高家诚等人研究了纯镁在模拟体液中的腐蚀机理，采用碱热处理的方法研究其在模拟体液中的耐蚀性能。结果指出纯镁在模拟体液中浸泡 21d 内其腐蚀速率随时间增加而降低，纯镁的腐蚀速率与腐蚀液的 pH 值随时间的变化规律，碱热处理的镁具有相对高的耐蚀性能。宋光玲等人研究了纯镁在人体模拟体液中的腐蚀行为，同时指出纯镁在模拟体液中的腐蚀速率为 $19 \sim 44 \mathrm{mg}/(\mathrm{cm}^2 \cdot \mathrm{d})$。谭小伟等通过热处理提高纯镁的耐蚀性能，用失重法检测热处理后的试样在 7d 内没有质量损失。

1.2.2　合金化及热处理

合金化是一种提高金属力学性能的有效方法，通过加入合金元素利用固溶强化和第二相强化提高其力学性能，同时某些合金元素的加入可以改善镁合金的耐蚀性能。作为生物医用金属镁来讲，为了使其具有很好的生物相容性，通常选择某些营养元素作为合金化元素，一方面可以形成生物医用镁合金，另一方面可以提高材料的力学性能和耐蚀性能。目前，通过利用铝元素对金属镁进行合金化提高其耐蚀性能，AZ31、AZ61 和 AZ91 是较为普通的 Mg-Al-Zn 合金，具有适中的腐蚀速率。但是由于铝元素的毒副作用而容易引发诸如阿尔茨海默病等神经系统紊乱疾病。因此，出于安全考虑，国内外诸多学者研究开发了一系列含有 Ca、Zr、Zn、Mn 以及稀土元素的镁合金，如 Mg-Ca、Mg-Y、Mg-Zr、WE43、WE54、Mg-Zn-Mn、Mg-Zn-Ca、Mg-Nd-Zn-Zr、Mg-Sr、Mg-Zn-Sr，对其生物适应性进行评价。

Ca 是一种加速骨生长的合金化元素，顾雪楠等研究了 Mg-Ca 合金，并对其进行了表面处理，研究其生物活性与耐蚀性能。Zn 是镁合金中的一种普通的合金化元素，它能有效地提高镁合金的耐蚀性能，张二林等研究了 Mg-Mn-Zn 合金的耐蚀性能。F. Witte 等人研究了镁稀土合金及其耐蚀性能。高家诚研究了镁及镁锌合金的耐蚀性能。李雷等对 Mg-Zn 系列合金的耐蚀性能进行了研究。Liu 等对铸态 AZ63 镁合金进行热处理后，研究了热处理对其生物降解性能的影响。

1.2.3 表面处理或涂层技术

表面处理或者涂层技术是降低镁合金腐蚀速率的一种有效方法。表面改性的方法很多，如化学法氟化和磷化处理等涂层转化技术、碱钝化和碱热处理、电化学沉积、等离子注入技术、微弧氧化技术等。

杨柯等通过化学转化法在 AZ31B 表面制备了氟涂层，并对氟涂层的表面形貌、生物学性能进行了研究，对Mg-Mn-Zn合金进行了磷化处理以提高其耐蚀性能。M. D. Pereda 等研究了利用 0.1mol/L KF 溶液处理粉末冶金镁合金的耐蚀性能，经过氟化处理后镁表面形成一层致密的氧化层，从而提高了镁在 PBS 中的耐蚀性能；通过碱热处理的镁合金的耐蚀性能较未经过处理的镁合金的高很多，并且在模拟体液中浸泡 14d 后在试样表面检测到了含钙磷灰石，细胞毒性试验中没有发现细胞形态的改变；张永君采用阳极氧化方法对镁合金进行防护处理，该工艺有效地提高了镁合金的耐蚀性能。曾荣昌等采用电沉积技术在 Mg-Li-Ca 合金表面制备了钙磷涂层，改善了镁合金在模拟体液中的耐蚀性能；曾荣昌同时采用化学沉积技术在 AZ31 镁合金表面制备了 Ca-P 生物陶瓷涂层。E. L. Zhang 等采用离子注入技术在镁合金表面注入钛，形成致密的钛涂层从而提高了镁合金的耐蚀性能。近年来，微弧氧化技术在镁合金表面涂层中得到了广泛使用，以提高镁合金的耐蚀性能等。绿色环保的微弧氧化技术受到诸多研究学者的青睐，但是由于微弧氧化处理的镁合金存在微孔结构，因此不能完全阻挡侵蚀液的侵蚀。为解决这一问题，微弧氧化与其他方法复合技术应运而生。

1.3 镁合金微弧氧化技术

微弧氧化（micro-arc oxidation，MAO）也被称为等离子体电解氧化（plasma electrolyte oxidation，PEO）或者微等离子体氧化（micro-plasma oxidation，MPO），是一种高压的等离子阳极氧化过程，被广泛应用于镁及其合金表面改性。微弧氧化过程中的等离子放电的局部、短时的氧化层的熔融，促进具有高结合性能的氧化涂层生成。微弧氧化涂层具有高硬度、良好的耐磨性能、适中的耐蚀性能、较好的热稳定性和介电性能。

1.3.1 微弧氧化技术原理

微弧氧化涂层形成机制比较复杂，包括电化学反应、等离子体化学反应和热化学反应。在较低的电压作用下即未达到临界击穿电压之前，即在开始的几秒内阳极金属上发生电化学反应，生成一层很薄的钝化膜。当增加外加电压时使电压达到临界击穿电压后，钝化膜上有缺陷的部位首先被击穿，继续增加电压，氧化膜表面局部位置出现微弧，形成等离子体而产生火花放电。火花放电可使局部温度达到 2×10^4 K、压力达到 100MPa，火花中心的温度可达到 2250℃，如此高的温度促进等离子体化学反应的发生。在等离子体化学反应过程中，局部的镁合金作为阳极、局部的电解液作为阴极而形成放电通道。镁合金和电解液气化，陶瓷氧化层在基体上直接形成。同时，由于强电场作用，电解液中氧离子和其他阴离子通过放电通道进入到涂层内部。涂层击穿发生在形成氧化膜的薄弱点，一旦放电火花消失，沉积在火花周围的氧化膜被电解液冷却处理，大量的氧气的生成促进了火花周围孔的形成。随着氧化时间继续增加，放电火花尺寸增大微弧继续在试样表面其他薄弱部位放电，均匀的氧化膜逐渐形成。

1.3.2 微弧氧化镁合金涂层的结构

微弧氧化不均匀的熔融和烧结作用使得涂层表面形成粗糙结构。同时镁合金内在的电化学不均匀性或者电流密度、火花放电现象使得某一特定的位置优先形成涂层，也会形成粗糙与不均匀的表面形貌。此外，微弧氧化表面是多孔结构，并伴有微裂纹。孔洞是因熔融氧化物和气泡从微弧氧化放电通道中排出而形成的，通过相对冷的电解液，氧化物迅速凝固而在氧化膜内产生热应力，当应力释放时将形成裂纹。

微弧氧化多孔一般分为两类：开放孔和封闭孔。开放孔相对较大，集中在涂层的表面；而封闭孔位于涂层中间区域。微弧氧化层可以分为三层结构，多孔的外层具有一些大尺寸的深孔洞；中间层具有较少的孔隙；以及薄的致密层，其厚度约为涂层总厚度的 1/3，结构紧实、无孔和裂纹，通过烧结作用与基体成为一体。基体与致密层之间的连续紧密结合，表明陶瓷涂层与基体之间在结合区发生了优异的冶金结合。

微孔和微裂纹随机分布在 MAO 涂层的表面而不能穿透整个涂层。孔的形成是时间与电压或者电流的函数。在电压值小于 250V 范围内，形成致密的火山口形貌，孔中心可见圆形-尖形的收缩孔。电压值小于 300V 范围内，孔的尺寸增加，并呈现出圆形或椭圆形形貌，表明是由于小孔合并形成的。当电压继续增加时，MAO 涂层表面形成大量的不规则孔，孔的尺寸随着电压的增加而变大，表明小孔和裂纹消耗掉了。

1.3.3 微弧氧化镁合金涂层的耐蚀性

镁及其合金的微弧氧化涂层的多孔结构和裂纹既有利也有弊。多孔和裂纹有助于涂层应力的释放，消耗小孔形成大孔将有助于 MAO 涂层应力的释放，MAO 外层的多孔结构有助于提高机械咬合作用、结合面积，从而提高界面结合强度。然而高的孔隙密度增加了有效面积，使得腐蚀介质易于吸收和集中到孔内。这将使得腐蚀液更易于向涂层区域渗透而最终达到基体，改变局部的 pH 值而使涂层的耐蚀性能严重下降。孔密度大小及分布、与基体的结合情况是决定涂层防腐性能的重要因素。关于体内种植早期对镁合金的反应的报道称在种植 5 周后仅有 50% 的镁合金种植体剩余。因此，提高镁合金的耐蚀性能和生物活性很重要。Imwinkelride 研究了 WE43 镁合金及其微弧氧化处理的镁合金在体内及体外条件下维持强度的能力。研究表明：在种植 12 周时 MAO 镁合金能够保持 80% 的强度，能够在种植期间提供充足的稳定骨固定性能。然而，无涂层镁合金剩余强度不够。近来，Fischerauer 等研究镁合金的降解行为，将无涂层处理 ZX50 和微弧氧化 ZX50 镁合金针种植体植入到老鼠的股骨中，结果表明未进行处理的镁合金和 MAO 镁合金在降解 12～16 周时完全消失，4 周时末处理的镁合金降解程度比 MAO 镁合金高，这种趋势持续到 8 周以上。Fischerauer 认为多孔结构增加了降解的不均匀性，原因是局部严重腐蚀和表面积/体积的比值增加。MAO 可以作为生物材料表面改性的一种方法，但是控制整个过程的降解速率仍很困难。

1.3.4　微弧氧化镁合金耐蚀性能及影响因素

（1）电解液浓度及组成　电解液成分对微弧氧化涂层的形貌、孔隙率、厚度以及耐蚀性能有重要的影响。因此，合适的电解液组成及浓度有利于钝化膜的快速生成，并有助于降低起弧电压。一般镁及其合金微弧氧化处理选择碱性溶液以防止作为阳极的镁基体过多的溶解。与中性电解液相比较，碱性电解液中沉积的涂层速率相对低。根据 Pater 和 Saka 的研究可知酸性和碱性溶液的pH 值范围分别选择 3～6 和 8～13 之间。在酸性溶液中，如果 pH 值小于 3，就不能为微弧氧化提供充足的放电条件，这时大部分电能将转换成热能而导致电解液温度严重升高。这种情况加速了镁及其合金的腐蚀而不利于优质涂层的形成。在 pH 值为 8～13 的碱性溶液中，如果沉积的氧化层厚而不能被放电火花击穿，则 MAO 过程将受到限制。KOH 或者 NaOH 一般被用作基础电解液，而磷酸盐、硅酸盐、氟化物、铝酸盐、锆酸盐等可作为添加剂。

电解液的浓度是决定放电特性及涂层质量的重要因素。Ko 等研究了 KOH、NaOH 浓度对击穿电压、涂层组成、厚度和孔隙率以及耐蚀性能的影响。火花放电行为因电解液的浓度不同而改变，提高 KOH 浓度可降低击穿电压，主要原因是电解液的电导率提高了。涂层的形貌随电解液中 KOH 浓度的变化而不同，使用3M KOH 电解液形成的涂层形貌光滑，而使用 1.5M KOH 电解液形成的涂层表面粗糙，提高 KOH 浓度也能够增加涂层中 MgO 的体积分数。Cheng 的研究表明浓电解质溶液的 MAO 涂层的耐蚀性能优于稀电解质溶液的 MAO 涂层。KOH 浓度从 0.09mol/L 增加到 0.27mol/L 时，使得涂层耐蚀性能显著增加。在基础的碱溶液如 KOH 溶液或者 NaOH 溶液中添加磷酸盐、氟酸盐、铝酸盐、锆酸盐、高锰酸盐增加了溶液的电导率，降低了击穿电压，增加了理想涂层的沉积概率。阴离子向多孔位置扩散，相应的氧化物形成，以及高温下与 MgO 反应等表明 MAO 过程中生成了除了 MgO 相以外的其他相。$Mg_3(PO_4)_2$、$MgSiO_3$ 和 MgF_2 等有助于增加MAO 镁合金的耐蚀性能。电解液对涂层孔尺寸、密度、相组成以及体积分数均有明显影响，但是其影响机制尚不明确。

Yao 研究了含有 Ca、P 涂层的微弧氧化 AZ91D 镁合金，使用 NaOH 和Na_2SiO_3 作为电解液，溶液中分别添加六偏磷酸钠和磷酸氢二钙。NaOH 渡液制备的膜相对薄厚度为 3～5μm，表面分布均匀的大量微孔。氧化层中引入稳定的 Ca/P 涂层，提高了 AZ91D 的耐蚀性。但是在短期评价中，在 NaOH

和 Na_2SiO_3 溶液中添加 Ca^{2+} 获得涂层的耐蚀性无区别。Bala Srinivasan 利用含有 Ca、P 元素的溶液如 Ca (OH)$_2$ 和 Na_3PO_4 溶液制备 AM50 合金微弧氧化涂层，该涂层提供良好的生物相容性和生物活性，因此该电解液能够形成厚而致密的含 Ca 的 MAO 涂层。

一些无机物、有机物均可以作为 MAO 电解液的添加剂，来改善 MAO 涂层的质量和耐蚀性。Shi 在 Na_3PO_4 ＋ $NaPO_3$ 体系中添加 $Na_2B_4O_7$ 和 EDTA 制备镁合金 MAO 涂层。$Na_2B_4O_7$ 和 EDTA 并没有对涂层的相组成产生影响，也未能消除涂层的多孔和裂纹，但是改变了涂层的厚度和形貌。$Na_2B_4O_7$ 增大了涂层的厚度，而 EDTA 减小了涂层的厚度，两者均增加了涂层的耐蚀性能。Guo 和 An 研究了表面改性剂月桂基磺酸钠和二苯胺磺酸钠，表面改性剂未改变电解液的电导率。MAO 过程中，起弧开始阶段，大量的 O_2 分子吸收并且在镁表面呈周期性移动。氧气泡的直径和吸收密度对形貌产生主要影响，表面改性剂减轻了界面张力，减小了接触角和氧气泡直径，使得氧气释放更加容易，形成的涂层具有较低的孔隙率和更佳的质量，如图 1-2 所示。Zhang 研究了不同浓度的硼酸钠对 AZ91D 镁合金 MAO 性能的影响。硼酸钠能够增加电解液的电导率，使得 MAO 最终电压和涂层厚度增加。但是，涂层的孔隙率和粗糙度增加，硼酸钠并不能增加该 MAO 涂层的耐蚀性能。

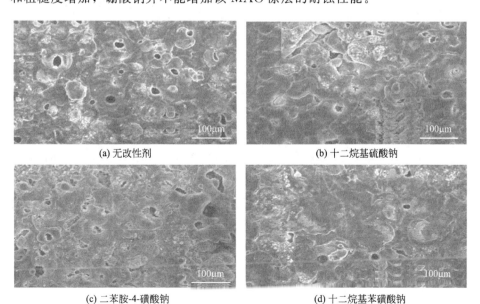

(a) 无改性剂 (b) 十二烷基硫酸钠

(c) 二苯胺-4-磺酸钠 (d) 十二烷基苯磺酸钠

图 1-2　不同添加剂 MAO 涂层表面形貌

（2）MAO 过程参数和条件　MAO 过程参数，例如电压、电流密度、频率、占空比等对表面形貌、涂层孔隙率和厚度有重要影响，电压、电流密度是决定涂层厚度、形貌和孔隙率的重要参数。Zhang 研究了 AZ31 镁合金微弧氧化电压为 250V、300V、350V 电压时对涂层形貌特征、残余应力和耐蚀性进行了研究。MAO 涂层形貌变化与电压的作用如图 1-3 所示。250V 结果表现出相对均匀具有细小孔和光滑表面，250V 的耐蚀性最好，其表面仅有少量的浅腐蚀点，300V 和 350V 在局部位置出现深的腐蚀点，当应用电压/电流密度低时微弧氧化涂层薄，均匀光滑，增加氧化电压/电流密度相当于增加阳极氧化电位而增加涂层厚度。此外，也相当于增加镁或镁合金与氧气的反应而提高界面结合强度和结合力。然而电压增加，放电火花尺寸也会变大，从而使涂层的孔隙率增加。增加电压/电流宽度临界值将会增加外层的孔隙率而使涂层粗糙而不均。

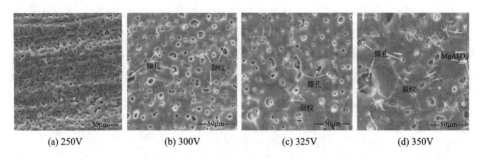

(a) 250V　　　(b) 300V　　　(c) 325V　　　(d) 350V

图 1-3　不同电压条件下制备 MAO 涂层的表面形貌

MAO 过程可以使用不同电流模式如直流、交流以及脉冲。Hussein 等研究了单极和双极电流模式对 AJ62 镁合金 MAO 涂层耐蚀性的影响，Su 也评价了 ZK60 镁合金微弧氧化过程的阴极电流脉冲对涂层性质的影响。Hussein 研究了单电极、双电极以及复合模式下 MAO 对 AM60 镁合金耐蚀性的影响，单电极模式下形成相对大的孔，主要是由于强烈的火花放电；双电极模式下涂层的孔隙率最小，涂层在双电极模式下的生长速率比在单电极模式下的低；复合模式下制备涂层的孔密度和尺寸降低，主要是由于双电极模式能够降低强放电过程中的火花数量和密度，复合模式下的涂层孔最少而且致密，裂纹贯穿于涂层中。双电极模式促进了 MgO 相的形成，复合模式下 MgO 的体积分数比单电极模式下高。

脉冲频率是影响镁合金微弧氧化涂层特性的另一个重要的电参数。Lv 研究了 800Hz 和 100Hz 频率对于 ZM50 镁合金 MAO 涂层结构及耐蚀性能的影响。100 Hz 60 min 和 100 Hz 110 min 条件下涂层的厚度分别为 8 μm 和 26 μm，而 800 Hz 60 min 和 800 Hz 110 min 条件下涂层的厚度分别 2.7 μm 和 4 μm。在一个脉冲内低频率提供的时间长，可以诱导涂层连续放电而使涂层快速生长。100 Hz 频率条件下的 MAO 涂层尺寸大而且密度低于 800 Hz 频率条件下的。随着处理时间的增加，100 Hz 频率条件下涂层孔尺寸增加并伴有微孔、涂层更粗糙。800 Hz 频率条件下涂层随处理时间增加孔尺寸略有增加，没有明显裂纹。

Hwang 研究了脉冲频率对孔尺寸的影响，如图 1-4 所示。频率改变对涂层孔隙率和裂纹的影响，主要是由于放电特性不同。Bala Srinivasan 研究了频率为 10 Hz、100 Hz 和 1000 Hz 对微弧氧化 AM50 镁合金涂层的显微结构、相组成和腐蚀行为的影响。在 10 Hz 频率条件下，大量的大尺寸放电火花重叠后形成鞘形火花。100 Hz 和 1000 Hz 频率条件下的火花特征相似，主要不同的是 1000 Hz 频率条件下具有较高的放电密度而形成了细小的火花，而 100 Hz 频率条件下形成的是不连续的单个大小和密度适中的火花，这两种条件下 MAO 涂层的孔隙率相似，然而 10 Hz 频率条件下的涂层孔尺寸相对大些。1000 Hz 频率条件下的涂层具有较高的孔密度、均匀而小的孔。

占空比是影响 Mg/Mg 合金 MAO 涂层特性的一个重要电参数，增加占空比是指增加每个周期内电流/电压作用时间，它的作用与电压/电流作用相似。增加占空比可以增加火花能量密度，MAO 过程中释放大量的热量而有大量的熔融氧化物流向电解液。因此，增加占空比可以增加孔隙率而使涂层厚度减小。当占空比为 10% 时涂层薄、光滑而均匀，然而当占空比为 90% 时涂层变得粗糙，孔变大并且有裂纹。当占空比低于 40% 时，涂层太薄而不能有效地保护基体；当占空比高于 60% 时由于涂层的孔隙率太高，耐蚀性也会降低。

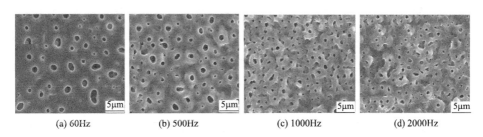

(a) 60 Hz   (b) 500 Hz   (c) 1000 Hz   (d) 2000 Hz

图 1-4 不同频率条件下制备的 MAO 涂层的形貌

微弧氧化时间也是影响涂层厚度、形貌、尺寸、孔分布和耐蚀性能的一个参数。Lv 的研究发现，随着处理时间增加，MAO 涂层的形貌和生长速率发生改变，如图 1-5 所示。MAO 处理时间较短时的涂层孔密度高、孔尺寸小。时间增加时涂层不均匀且表面粗糙度较高，孔尺寸增大，相应的涂层的耐蚀性能也发生改变。Gu 研究了 AZ31A 镁合金不同的 MAO 处理时间涂层性质和耐蚀性能，MAO 处理时间从 1min 增加到 5min 时，涂层厚度从 5μm 增加到 20μm。随着时间增加到 8min 时，涂层厚度降低。处理时间长时涂层表面粗糙，而且微孔直径增加。

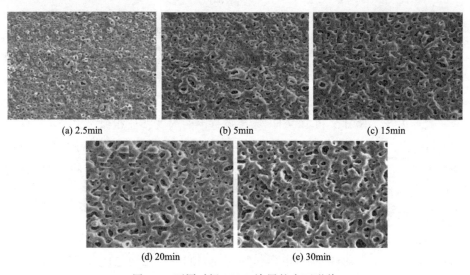

(a) 2.5min   (b) 5min   (c) 15min

(d) 20min   (e) 30min

图 1-5　不同时间 MAO 涂层的表面形貌

（3）微弧氧化前处理　MAO 前处理一般采用碱或者氟化处理，以防止镁的过量溶解。采用 Ce 转化涂层对 AZ91D 镁合金 MAO 涂层进行前处理，在 MAO 的初始阶段，转化层中 Ce 引入钝化层中，相比未前处理时形成的氧化层耐蚀性更好。同时与未前处理涂层相比较，尺寸孔有助于提高耐蚀性，转化处理涂层的障碍层更加致密，MAO 涂层没有大的火山口状孔，如图 1-6 所示，相比未前处理时形成的氧化层耐蚀性更好。转化处理涂层的障碍层更加致密，与基体具有良好的结合强度。MAO 涂层厚度比未进行涂层转化前处理的 MAO 层厚，而且耐蚀性能明显增加。

Wang 采用了激光表面熔融前处理（LSM）AZ91D。使用 LSM 处理的镁合金的显微结构得到细化，镁的晶体取向由（101）晶面改变为（112）晶面，使得 $Mg_{17}Al_{12}$ 进行重新分布。未前处理的镁合金 MAO 层中有 MgO，$Mg_3(PO_4)_2$ 含有少量的 $MgAl_2O_4$ 相，而进行前处理的 MAO 层中 $MgAl_2O_4$ 相含量很高，这是由于 LSM 处理后表面富集 Al，而且涂层耐蚀性能好。

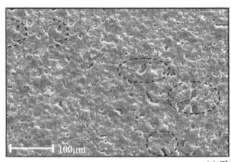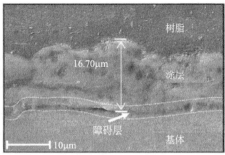

(a) 无前处理

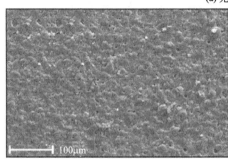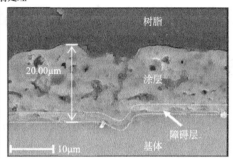

(b) 有前处理

图 1-6　微弧氧化涂层的表面与断面形貌

（4）封孔处理　Duan 采用有机封孔剂，多次浸渍封闭 MAO 涂层的孔洞。结果表明有机封孔剂进入了大多数孔内和显微裂纹中，并且通过物理咬合的方式与 MAO 涂层结合，并且提高了涂层的耐蚀性能。文献将聚合物渗透到 MAO 多孔和裂纹中。Lu 利用聚乳酸封闭 WE42Mg 合金 MAO 涂层微孔，封孔处理的 MAO 镁合金的耐蚀性能得到提高。诸多研究利用溶胶-凝胶方法对 MAO 涂层进行封孔处理。

（5）提高微弧氧化涂层生物活性的方法　微弧氧化处理的关键是改善镁及其合金的耐蚀性能，但是作为生物材料其生物活性是同样重要的指标。MAO 涂层的多孔结构对镁及其合金的耐蚀性能的提高具有一定的局限性，同时 MAO 镁合金表面形成的 MgO 涂层没有诱导磷灰石的能力而不具有生物活性。羟基磷灰石 HA 由于其化学和生物性能与人骨组织相似被认为是一种重要的生物材料。

电化学沉积（ED）由于其具有高效、节能并且能够用于复杂形状表面涂层等特点而被广泛地应用于制备 HA 涂层等。然而其主要的缺点是涂层与基体之间结合力差，而导致种植体在种植时涂层脱落。由于 MAO 涂层多孔，因此可以在孔内引入 HA。基于此，Gao 采用复合方法利用 ED 和 MAO 方法沉积棒状纳米羟基磷灰石（PNHA），以增加涂层的耐蚀性能及生物活性，结果表明该复合方法不仅提高了耐蚀性能而且增加了磷灰石生长结合强度。Shi 也使用相似的复合方法沉积了 DCPD 涂层，增加了 MAO 镁合金氧化层的生物活性。Chen 和 Zhao 等利用 ED 方法在 MAO 涂层表面制备了复合涂层，以提高涂层的生物活性。Hu 等采用化学沉积的方法在 MAO 微弧氧化镁合金表面制备了含有 Ca-P 的涂层。

1.4　超声在材料研究中的应用现状

近年来，由于超声产生的空化效应和机械效应，使得超声被广泛地应用于清洗、医学领域、声检测及水污染处理等方面，超声技术在新材料的合成中起到了非常显著的效果。声电化学在新材料的开发及研究中也得到广泛的使用，声化学处理成为了一种制备新型功能材料十分有效的技术。超声诱导的空化效应被广泛地应用于声化学中，利用超声与液体介质产生的机械效应、热效应以及活化效应等实现了超声在表面工程以及电化学中的应用。

1.4.1　超声空化效应

空化是在液体介质中气泡的形成、生长及猛烈的坍塌过程，在气泡坍塌或者崩溃的过程中，由于瞬时温度可高达 $5000℃$，同时产生 $1000atm$（$1atm＝101325Pa$）高压，因而能够诱导化学和物理转变的发生。空化的化学作用主要是由于水分解产生了自由基，如羟基。

1.4.2　超声空化效应的应用

1.4.2.1　材料合成及固态加工

周焯均等采用化学沉淀法制备电池电极正极材料 $Ni(OH)_2$，在合成该材料过程中使用了超声，结果表明超声作用下获得了粒度分布、分散性和活性理想的 $Ni(OH)_2$ 粉体材料。余长林等利用超声辐照效应合成了具有高催化性能的纳米材料，超声有效地提高了纳米材料的结晶度，使得晶粒得到细化从而增大了催化的表面积。固态加工如搅拌铸造，陶瓷颗粒增强镁基复合材料常规的是采用机械搅拌方法制备。但是近年来，随着超声技术的发展，利用空化效应制备出分散良好的显微颗粒增强复合材料，而且力学性能有明显的提高。Sn-3.0Ag-0.5Cu 合金的成形过程中，超声扰动使得该合金的晶粒得到细化。

1.4.2.2 超声钎焊

利用液体介质中的超声产生的高能量对材料表面产生侵蚀作用，去除基体材料中的氧化膜，使得基体表面达到光洁状态从而提高钎料与母材之间的结合性能。新型的超声钎焊技术使得空化效应能量利用率得到了提高，并且提高了焊接结合性。

1.4.2.3 表面改性

Jiao Lei 等利用电火花化学沉积技术制备钙磷陶瓷涂层，超声有效地提高了电化学沉处理技术对 Ti17 进行表面改性的能力，使得该复合方法获得高的抗疲劳特性 Ti17。熊信柏等利用超声提高电沉积中羟基离子的扩散。杨艳玲等利用超声辅助电沉积法制备了纳米 Ni，结果显示涂层的形核速度提高、晶粒尺寸减小。利用超声的空化效应，电化学沉积 Ni-SiC 复合层，结果表明电沉积的显微组织得到细化。超声化学沉淀法制备了致密的半导体薄膜。王晓波将超声应用于铝合金的微弧氧化，该研究表明小功率超声对膜层的性能影响不大。最近，Cai Jingrui 报道将超声引入到微弧氧化过程中，对铝合金进行表面改性，发现超声使氧化铝涂层的表面微孔大小发生改变，同时形成的涂层中 $\alpha\text{-}Al_2O_3$ 和 $\gamma\text{-}\alpha\text{-}Al_2O$ 的比例发生了改变。

1.5 超声与微弧氧化复合技术设计

采用超声与微弧氧化复合技术的目的是对于镁合金进行表面处理，提高其生物活性并降低其腐蚀速率。因此，对于生物材料应该在结构上与自然骨相似，例如，密质骨是一种从宏观尺度到纳米尺度变化的多级结构。此外还要考虑镁合金的耐蚀性问题，表面的孔隙率、孔洞以及通道等都需要进行优化设计。基于此，结合可降解生物材料植入要素对镁合金表面涂层进行设计，进而提出了超声与微弧氧化复合新技术。

1.5.1 可降解生物材料植入要素

根据医疗器械生物学评价标准 GB/T 1688 6.6/ISO10993-6：1994，对于可降解生物材料植入过程中应该从材料的表面微观结构、生物活性、降解性以及局部反应等方面考察材料是否适合作为植入体。

由于材料表面的微观结构与生物活性可以共同决定种植体生物响应能力，因此除了考虑生物材料的生物活性外，还要对材料的表面结构进行考察。材料微观结构的改变，如表面有细纹沟或其他形式的图纹等都会影响一些细胞在材料表面的黏附和迁移方向等。对于多孔材料，其某些表面特性可以使植入物与周围组织较好地融为一体。因此，合适尺寸的微孔结构等将会有助于一些细胞的有益浸润，加速组织的修复进程。

对于可降解材料，材料在生理环境中的降解和吸收的评价尤为重要。要求植入体材料能够保持均匀的降解速率，并且使得植入体周围生理液的 pH 值小于 7.8，材料的降解与骨生长相匹配，即随着植入时间的延长剩余种植体能够与骨组织保持紧密结合，骨对周围环境产生良好的耐受性，降解产物能够被吸收或者被排出体外。

植入体材料植入体内后局部反应是不可忽视的，利用局部反应试验评价 12 周之内的短期反应或者 12 周以上的长期反应。生物学评价主要考察植入体材料/骨组织界面炎性细胞类型和数量、骨组织与植入物接触面积、骨吸收和形成进程等情况。

1.5.2 可降解生物材料设计思路

1.5.2.1 涂层的可降解调控和生物活性设计

针对生物医用可降解镁合金种植体材料的特点及植入要求，本书采用微弧氧化表面改性技术对可降解镁合金表面进行改性。微弧氧化镁合金氧化层中的 MgO 一方面能够改善镁合金的耐蚀性能，另一方面也降低了镁合金的生物活性。制备 Ca-P 复合活性涂层的方法虽然一定程度上解决了 MgO 层的惰性问题，但是同时有利于细胞黏附的粗糙、多孔的结构特性将随之消失。源于这一问题，本课题提出一种既能够保持 MgO 膜层多孔结构，又能够提高其生物活性的方案。微弧氧化过程中引入超声，通过一步法制备既具有生物活性又具有防护腐蚀液侵蚀能力的膜层，即采用钙磷系胶体电解液，通过超声的微射流效应促进 $Ca_3(PO_4)_2$ 胶体颗粒进入微弧氧化放电通道内部，即原位生成 $MgO \cdot Ca_3(PO_4)_2$ 膜层，既保持了 MgO 膜的防腐蚀功能又提高了其生物活性。

1.5.2.2 涂层结构设计

材料植入体内后与细胞和环境等最先接触的是表面多孔层，环境液通过多孔层渗入致密层。因此，较大的多孔结构有利于细胞攀爬，但同时也增加了环境液与材料的接触面积而降低其耐蚀性能。为了解决这一矛盾，应制备表面孔径较大、粗糙度较高、裂纹缺陷数量较少、较薄的多孔层、致密层厚度增加的微弧氧化层。多孔内的钙磷活性物质能够促进骨组织长入植入体，增加骨与植入体接触面积，增加成骨速率。致密层厚度增加，能提高对腐蚀液的阻挡能力，减少 H_2 的产生，降低对环境液产生的副作用。

1.5.2.3 超声与微弧氧化复合技术

利用声化学原理，将超声引入到微弧氧化过程中。通过一步法实现控制生物镁合金的降解速率，增加其生物活性，最终实现镁合金种植体植入体内后能够使创伤骨得到快速愈合，同时还能够保证种植体在种植期间的力学完整性，使得种植体的降解速率与骨生长速率相匹配。该方法的研究有利于推动镁合金的临床应用进展，为镁合金作为医用材料应用提供了理论和实践指导。

1.5.2.4 超声与微弧氧化复合技术研究内容

为了降低生物医用镁合金在生理环境下的降解速率，并且提高其生物活性，加速其骨性结合，加速镁合金在生物医学领域中的应用进程，这里将超声引入到微弧氧化过程中，制备超声微弧氧化镁合金涂层。同时利用电化学沉积技术与微弧氧化技术复合制备微弧氧化-电化学沉积钙磷涂层。通过体外模拟及动物体内的种植试验，揭示超声微弧氧化涂层与电沉积复合涂层在骨结合、骨生长方面以及降解速率方面的差异。本文主要研究不同的超声功率对微弧氧化镁合金涂层的结构及性能影响，其具体内容如下。

（1）微弧放电过程 研究单个脉冲内微弧放电瞬变过程、放电现象、微弧放电个数、微弧放电持续时间以及微弧氧化起弧电压等，探讨超声对微弧放电作用机制。

（2）涂层的组织结构 研究涂层的表面微孔结构、涂层的生长方式、涂层与基体界面结构、涂层的组成等，讨论超声对涂层的表层及致密层形成过程的影响。

（3）涂层的力学性能 研究不同功率的超声作用下的涂层结合力和耐磨性。

（4）体外腐蚀性 对不同超声功率的微弧氧化涂层进行体外腐蚀性研究，研究其在模拟体液中的腐蚀速率、在模拟体液和生理盐水中的电化学腐蚀行为。

（5）体内生物学评价 对微弧氧化涂层、优化的超声微弧氧化涂层和微弧氧化电沉积复合涂层进行动物体内种植研究，研究各种种植体在体内的降解稳定性、生物相容性及成骨能力等。

◆ 参考文献 ◆

[1] 郑玉峰, 秦岭, 杨柯, 等. 可降解金属 [M]. 北京: 科学出版社, 2016.

[2] 高自省, 张新海, 窦明, 等. 镁及镁合金防腐与表面强化生产技术 [M]. 北京: 冶金工业出版社, 2012.

[3] 袁广银, 张佳, 丁文江. 可降解医用镁基生物材料的研究进展 [J]. 中国材料进展, 2011, 30 (2): 44-50.

[4] Witte F. The history of biodegradable magnesium implants: A review [J]. Acta Biomaterialia, 2010, 6: 1680-1692.

[5] Chen Junxiu, Tan Lili, Yu Xiaoming, et al. Mechanical properties of magnesium alloy for medical application: A reciew [J]. Journal of the Mechanical Behavior of Biomedical Materials, 2018, 87: 68-79.

[6] Nurettin Sezer, Zafer Evis, Said Murat Kayhan, et al. Review of magnesium-based biomaterials and their applications [J]. Journal of Magnesium and Alloys, 2018, 6: 23-43.

[7] Paul Erne, Matthias Schier, Therese J. Resink. The road to bioabsorbable stents: Reaching clinical reality? [J]. Cardio Vaseular and Interventional Radiology, 2006, 29: 11-16.

[8] Witte F, Kaeseb V, Haferkampb H, et al. In vivo corrosion of four magnesium alloys and the associated bone response [J]. Biomaterials, 2005, 26 (17): 3557-3563.

[9] Vormann J. Magnesium: nutrition and metabolism [J]. Molecular Aspects of Medicine, 2003, 24: 27-28.

[10] Witte F, Hort N, Vogt C, et al. Degradable biomaterials based on magnesium corrosion [J]. Curr Opinion Solid State & Materials Science, 2008, 12: 63-72.

[11] Song G L. Control of biodegradation of biocompatible magnesium alloys [J]. Corrosion Science, 2007. 49: 1696-701.

[12] 朱艳英, 武光明, 赵清. 镁基生物医用材料研究进展 [J]. 中国生物医学工程学报, 2010, 29 (6): 932-938.

[13] Payr E. Beiträge zur Technik der Blutgefäss- und Nervennaht nebst Mittheilungen über die verwendungeines resorbirbaren Metalles in der Chirurgie [J]. Arch Klin Chir, 1900, 62: 67-93.

[14] Earl D, Mcbride M D. Absorbable metal in bone surgery: a further report on the use of magnesium alloys [J]. Journal of American Medical Association, 1938, 111 (27): 2464-2467.

[15] Lambotte A. Techniqueet indications de la prothèse perdue dans la traitement des fractures [J]. Presse Med Belge, 1909, 17: 321-323.

[16] Troitskii V V, Tsitrin D N. The resorbing metallic alloy osteosinthezit as material for fastening broken bone [J]. Khirurgiia, 1944, 8 (1): 41-44.

[17] Znamenskii M S. Metallic osteosynthesis by means of an apparatus made of resorbing metal [J].

Khirurgiia，1945，12：60-63.

[18] Heublein B，Rohde R，Kaese V，et al. Biocorrosion of magnesium alloys：a new principle in cardiovascular implant teehnology? [J] . Heart，2003，89（6）：651-656.

[19] Paul Erne，Matthias Schier，Therese J. Resink. The road to bioabsorbable stents：Reaching clinical reality? [J] . Cardio Vaseular and Interventional Radiology，2006，29：11-16.

[20] Peeters P，Bosier S M，Verbist J，etal. Preliminary results after application of absorbable metal stents in patients with critical limb ischemia [J] . Journal of Endovaseular Therapy，2005，12（1）：1-5.

[21] Zartner P，Cesnjevar R，Singer H，etal. First sueeessful implantation of a biodegradable metal stent into the left pulmon aryartery of a preterm baby [J] . Catheterization and Cardiovaseular Interventions [J] . 2005，66（4）：590-594.

[22] Dimario C，Griffiths H，Goktekin O，et al. Drug-eluting bioabsorbale magnesium stent [J] . Journal of Interventional Cardiology，2004. 17（6）：391-395.

[23] 毕玉才，刘勇. 可降解镁合金心血管支架实验成功 [N] . 光明日报，2019.

[24] 王勇，高家诚，张艳. 纯镁在模拟体液中的腐蚀机理 [J] . 中国有色金属学报，2007，17（12）：1982-1984.

[25] 宋光玲，宋诗哲. 镁在人体模拟体液中的腐蚀行为 [J] . 物理化学学报，2006，22（10）：1222-1226.

[26] 谭小伟，高家诚，王勇，等. 医用纯美的热处理试验研究 [J] . 科技导报，2006，24（2）：67-69.

[27] Gu X N，Li N，Zhou W R，et al. Corrosion resistance and surface biocompatibility of a microarc oxidation coating on a Mg-Ca alloy [J] . Acta Biomaterialia，2011，7（4）：1880-1889.

[28] Xu L P，Zhang E L，Yang K. Phosphating treatment and corrosion properties of Mg-Mn-Zn alloy for biomedical application [J] . Journal of Materials Science：Materials in Medicine，2009，20（4）：859-867.

[29] Witte. F，Fischer J，Nellesen J，et al. In vivo corrosion and corrosion protection of magnesium alloy LAE442 [J] . Acta Biomaterialia，2010，6：1792-1799.

[30] Gao J C，Wu S，Qiao L Y，et al. Corrosion behavior of Mg and Mg-Zn alloy in simulated body fluid [J] . Transactions Nonferrous Metals Society of China，2008，18：589-590.

[31] 李雷. 基于生物医用的镁锌基合金力学及耐腐蚀性能研究 [D] . 郑州：郑州大学，2009.

[32] Liu CL，Xin Y C，Tang G Y，et al. Influence of heat treatment on degradation behavior of bio-degradable die-cast AZ63 magnesium alloy in simulated body fluid [J] . Materials Science and Engineering，2006，456（11）：350-357.

[33] 李绮，刘新杰，王泽庆，等. AZ31B 镁合金表面氟涂层的生物相容性和抗菌性能 [J] . 材料研究学报，2011，25（2）：193-198.

[34] Pereda M D，Alonso C，Burgos-Asperilla L，et al. Corrosion inhibition of powder metallurgy Mg by fluoride treatments [J] . Acta Biomaterialia，2010，6：1772-1782.

[35] Li L C, Gao J C, Wanng Y. Ealuation of cyto-toxicity and corrosion behavior of alkali-heat treated magnesium in simulated body fluid [J]. Surface and Coatings Technology, 2007, 185: 92-98.

[36] 张永君, 严川伟, 王福会, 等. 镁及镁合金环保型阳极氧化电解液及其工艺 [J]. 材料保护, 2002, 35 (3): 39-46.

[37] 曾荣昌, 孔令鸿, 许苏, 等. 医用 Mg-Li-Ca 涂层腐蚀研究 [J]. 重庆理工大学学报, 2010, 24 (10): 34-39.

[38] 张春艳, 曾荣昌, 陈君, 等. 镁合金 AZ31 表面液相沉积 Ca-P 生物陶瓷涂层的研究 [J]. 稀有金属材料与工程, 2009, 38 (8): 1363-1367.

[39] Zang E L, Xu L P, Yang K. Formation by ion plating of Ti-coating on pure Mg for biomedical applications [J]. Scripta Materialia, 2005, 53 (5): 523-527.

[40] Allen B. Optimization of anti-corrosion ability of micro-arc oxide coating on AZ91D alloy using experimental strategies [J]. Surface and Coatings Technology, 2010, 204: 1856-1862.

[41] Liu G Y, Hu J, Ding Z K, et al. Bioactive calcium phosphate coating formed on micro-arc oxidized magnesium by chemical deposition [J]. Applied surface Science, 2011, 257: 2051-2057.

[42] Malayoglu U, Tekin K C, Shrestha S. Infiuence of post-treatment on the corrosion resistance of PEO coated AM50B and AM60B Mg alloys [J]. Surface and Coatings Technology, 2010, 205: 1793-1798.

[43] Shi P, Ng W F, Wong M H, et al. Improvement of corrosion resistance of pure magnesium in Hanks' solution bymicroarc oxidation with sol-gel TiO_2 sealing [J]. Journal of Alloys Compounds, 2009, 4699 (1-2): 286-292.

[44] Khaseleve O, Weiss D, Yahalom J. Structure and composition of anodic films formed on binary Mg - Al alloys in KOH-aluminate solutions under continuous sparking [J]. Corrosion Science, 2001, 43 (7): 1295-1307.

[45] Cheng Y L, Qin T W, Li L L, et al. Comparison of corrosion resistance of microarc oxidation coatings prepared with different electrolyte concentrations on AM60 magnesium alloy [J]. Corrosion Engineering Science Technology, 2011, 46 (1): 17-23.

[46] Guo H F, An M Z. Growth of ceramic coatings on AZ91D magnesium alloys by micro-arc oxidation in aluminate-fluoride solutions and evaluation of corrosion resistance [J]. Applied Surface Science, 2005, 246 (1-3): 229-238.

[47] Gu Y, Xiong W, Ning C, et al. Residual stresses in microarc oxidation ceramic coatings on biocompatible AZ31 magnesium alloys [J]. Journal of Materials Engineering Performance, 2012, 21: 1085-1090.

[48] Han X G, Zhu X P, Lei M K. Electrochemical properties of microarc oxidation films on a magnesium alloy modifled by high intensity pulsed ion beam [J]. Surface and Coatings Technology, 2011, 206 (5): 874-878.

[49] Pan Y K, Chen C Z, Wang D G, et al. Influence of additives on microstructure and property of microarc oxidized Mg-Si-O coatings [J]. Ceramics International, 2012, 38 (7): 5527-5533.

[50] Tang Y M，Zhao X H，Jiang K S，et al. The influences of duty cycle on the bonding strength of AZ31B magnesium alloy by microarc oxidation treatment [J] . Surface and Coatings Technology，2010，205 (6)：1789-1792.

[51] Virtanen S. Biodegradable Mg and Mg alloys：corrosion and biocompatibility [J] . Materials Science Engineering B，2011，176 (20)：1600-1608.

[52] Imwinkelried T，Beck S，Iizuka T，et al. Effect of a plasma electrolytic coating on the strength retention of in vivc and in vitrc degraded magnesium implants [J] . Acta Biomaterials，2013，9 (10)：8643-8649.

[53] Fischerauer S F，Kraus T，Wu X，et al. In vivo degradation performance of micro-arc oxidized magnesium implants：a micro-CT study in rats [J] . Acta Biomaterials，2013，9 (2)：5411-5420.

[54] Liang J，Guo B G，Tian J，et al. Effect of potassium fluoride in electrolytic solution on the structure and properties of microarco xidation coatings on magnesium alloy [J] . Applied Surface Science，2005，252 (2)：345-351.

[55] Zhang R F. Film formation in the second step of micro-arc oxidation on magnesium alloys [J] . Corrosion Science，2010，52 (4)：1285-1290.

[56] Patel J L，Saka N. Method for forming ceramic coatings by micro-arc oxidation of reactive metals [P] . U. S. Patent：6. 197. 178 B1，2001.

[57] Luo H，Cai Q，Wei B，et al. Study on the microstructure and corrosion resistance of ZrO_2-containing ceramic coatings formed on magnesium alloy by plasma electrolytic oxidation [J] . Journal of Alloys Compounds，2009，474：551-556.

[58] Ko Y G，Namgung S，Shin D H. Correlation between KOH concentration and surface properties of AZ91 magnesium alloy coated by plasma electrolytic oxidation [J] . Surface and Coatings Technology，2010，205 (7)：2525-2531.

[59] Rama Krishan L，Poshal G，Sundararajan G. Influence of electrolyte chemistry on morphology and corrosion resistance of micro arc oxidation coatings deposited on magnesium [J] . Metallurgical and Materials Transactions A，2010，41：3499-3508.

[60] Yao Z P，Li L L，Jiang Z H. Adjustment of the ratio of Ca/P in the ceramic coating on Mg alloy by plasma electrolytic oxidation [J] . Applied Surface Science，2009，255 (13-14)：6724-6738.

[61] Bala S P，Liang J，Balajeee R G，et al. Effect of pulse frequency on the microstructure，phase composition and corrosion performance of a phosphate-based plasma electrolytic oxidation coated AM50 magnesium alloy [J] . Applied Surface Science，2010，256 (12)：3928-3935.

[62] Shi L L，Xu Y J，Li K，et al. Effect of additives on structure and corrosion resistance of ceramic oatings on Mg-Li alloy by micro-arc oxidation [J] . Current Applied Physics，2010，10 (3)：719-723.

[63] Guo H F，An M Z. Effect of surfactants on surface morphology of ceramic coatings fabricated on magnesium alloys by micro-arc oxidation [J] . Thin Solid Films，2006，500 (1-2)：186-189.

［64］ Zhang R F，Zhang S F，Shen Y L，et al. Influence of sodium borate concentration on properties of anodic coatings obtained by micro arc oxidation on magnesium alloys ［J］. Applied Surface Science，2012，258（17）：6602-6610.

［65］ Zhang J，Gu Y H，Guo Y J，et al. Electrochemical behavior of biocompatible AZ31 magnesium alloy in simulated body fluid ［J］. Journal of Materials Science，2012，47：5197-5204.

［66］ Chang L R，Cao F H，Cai J S，et al. Influence of electric parameters on MAO of AZ91D magnesium alloy using alternative square-wave power source ［J］. Transactions of Nonferrous Metals Society of China，2011，21（2）：307-316.

［67］ Hussein R O，Zhang P，Nie X，et al. The effect of current mode and discharge type on the corrosion resistance of plasma electrolytic oxidation （PEO） coated magnesium alloy AJ62 ［J］. Surface and Coating Technology，2011，206（7）：1990-1997.

［68］ Su P，Wu X H，Guo Y，et al. Effects of cathode current density on structure and corrosion resistance of plasma electrolytic oxidation coatings formed on ZK60 Mg alloy ［J］. Journal of Alloys Compound，2009，475（1-2）：773-777.

［69］ Hussein R O，Northwood D O，Nie X. The influence of pulse timing and current mode on the microstructure and corrosion behaviour of a plasma electrolytic oxidation （PEO） coated AM60B magnesium alloy ［J］. Journal of Alloys Compound，2012，541（15）：41-48.

［70］ Hussein R O，Nie X，Northwood D O，et al. Spectroscopic study of electrolytic plasma and discharging behaviour during the plasma electrolytic oxidation （PEO） process ［J］. Journal of Physics D，2010，43：1-14.

［71］ Lv G H，Chen H，Gu W C，et al. Effects of current frequency on the structural characteristics and corrosion property of ceramic coatings formed on magnesium alloy by PEOtechnology ［J］. Journal of Materials Process Technology，2008，208（1-3）：9-13.

［72］ Hwang I J，Hwang D Y，Ko Y G，et al. Correlation between current frequency and electrochemical properties of Mg alloy coated by micro arc oxidation ［J］. Surface and Coating Technology，2012，206（15）：3360-3365.

［73］ Lv G H，Chen H，Li L，et al. Investigation of plasma electrolytio oxidation process on AZ91D magnesium alloy ［J］. Current Applied Physics，2009，9（1）：126-130.

［74］ Gu Y，Bandopadhyay S，Chen C F，et al. Effect of oxidation time on the corrosion behavior of micro-arc oxidation produced AZ31 magnesium alloys in simulated body fluid ［J］. Journal of Alloys Compound，2012，543：109-117.

［75］ Guo M，Cao L，Lu P，et al. Anticorrosion and cytocompatibility behavior of MAO/PLLA modified magnesium alloy WE42 ［J］. Journal of Materials Science：Materials in Medicine，2011，22：1735-1740.

［76］ Wang L Q，Zhou J S，Liang J，et al. Microstructure and corrosion behavior of plasma electrolytic oxidation coated magnesium alloy pre-treated by laser surface melting ［J］. Surface and Coating Technology，2012，206（13）：3109-3115.

[77] Duan H，Du K，Yan C，et al. Electrochemical corrosion behavior of composite coatings of sealed MAO film on magnesium alloy AZ91D [J]. Electrochimica Acta，2006，51 (14)：2898-2908.

[78] Wang J W，Tang J W，He Y D. Top coating of low-molecular weight polymer MALPB used for enhanced protection on anodized AZ31B Mg alloys [J]. Journal of Coating Technology Research，2010，7 (6)．737-746.

[79] Lu P，Cao L，Lin Y，et al. Evaluation of magnesium ions release，biocorrosion，and hemocompatibility of MAO/PLLA-modifled magnesium alloy WE42 [J]. Jouranl of Biomedical Materials Research B，2011，96B (1)：101-109.

[80] Laleh M，Kargar F，Sabour R A. Improvement in corrosion resistance of micro arc oxidation coating formed on AZ91D magnesium alloy via applying a nano-crystalline sol-gel layer [J]. Journal of Sol-Gel Science Technology，2011，59：297-303.

[81] Shadanbaz S，Dias G J. Calcium phosphate coatings on magnesium alloys for biomedical applications：a review [J]. Acta Biomaterials，2012，8：20-30.

[82] Gao J H，Guan S K，Chen J，et al. Fabrication and characterization of rod-like nanohydroxyapatite on MAO coating supported on Mg-Zn-Ca alloy [J]. Applied Surface Science，2011，257 (6)：2231-2237.

[83] Shi Y，Qi M，Chen Y，et al. MAO-DCPD composite coating on Mg alloy for degradable implant applications [J]. Materials Letters，2011，65 (14)：2201-2204.

[84] Chen S，Guan S，Li W，et al. In vivo degradation and bone response of a composite coating on Mg-Zn-Ca alloy prepared by microarc oxidation and electrochemical deposition [J]. Journal of Biomedical Materials Research Part B，2012，100B (2)：533-543.

[85] Zhao Q，Guo X，Dang X，et al. Preparation and properties of composite MAO/ECD coatings on magnesium alloy. Colloid Surface B，2013，102：321-326.

[86] Liu L Y，Yang Y，Liu P H，et al. The influence of air content in water on ultrasonic cavitation fleld [J]. Ultrasonics Sonochemistry，2014，21：566-571.

[87] Leighton T G. Bubble population phenomena in acoustic cavitation [J]. Ultrasonics Sonochemistry，1995，2 (2)：S123-S136.

[88] Mandar P B，Parag R. et al. Hydrodynamic cavitation as a novel approach for deligniflcation of wheat straw for paper manufacturing [J]. Ultrasonics Sonochemistry，2014，21：162-168.

[89] 周焯均，朱燕娟，张仲举，等. 超声沉淀法制备 Y 掺杂纳米多相 Ni (OH)₂ 及其性能研究[J]. 稀有金属材料与工程，2011，40 (7)：1277-1291.

[90] 余长林，周晚琴，YU Jimmy C. 超声辐射快速合成高光催化性能的 BiOCl (Br) 纳米片 [J]. 无机化学学报，2011，27 (10)：2033-2038.

[91] Ji H J，Wang Q，Li M Y，et al. Effects of ultrasonic irradiation and cooling rate on the solidiflcation microstructure of Sn-3.0Ag-0.5Cu alloy [J]. Journal of Materials Processing Technology，2014，214：13-20.

[92] 许志武，闫久春，钟利，等. 铝合金超声钎焊过程中液态钎料的填缝及界面润湿行为 [J]. 材料

工程，2010，10：1-8.

[93] Jiao L，Qiao S R，Zhang C Y，et al. Fatigue properties of Ti17 alloy strengthened by combination of electric spark treatment with ultrasonic surface Treatment [J]. Rare Metal Materials and Engineering，2010，39 (12)：2091-2094.

[94] 熊信柏，李贺军，曾燮榕，等. 声电沉积钙磷生物涂层工艺中超声的作用机理研究 [J]. 稀有金属材料与工程，2007，36 (S3)：475-479.

[95] 杨艳玲，申勇峰，陈进耿，等. 超声搅拌脉冲电沉积法制备纳米镍 [J]. 金属学报，2007，43 (8)：883-888.

[96] 吴化，陈涛，王庆辉. 电沉积 Ni-SiC 纳米复合镀层的显微组织分析 [J]. 材料工程，2011，(12)：48-53.

[97] 储祥蔷，谢大弢，孟铁军，等. 对超声作用下的化学浴沉积方法制备 CdS 薄膜的谱学分析 [J]. 光谱学与光谱分析，2003，23 (4)：625- 629.

[98] 王晓波，田修波，巩春志，等. 纯铝微弧氧化过程的超声效应 [J]. 轻合金加工技术，2011，39 (3)：44-60.

[99] Shen D J，Cai J R，Li G L，et al. Effect of ultrasonic on microstructure and growth characteristics of micro-arc oxidation ceramic coatings on 6061 aluminum alloy [J]. Vacuum，2014，99：143-148.

第 2 章

微弧氧化镁合金钙磷生物涂层的制备

2.1 引言

近年来，微弧氧化技术在镁合金表面涂层中得到广泛使用，以提高镁合金的耐蚀性能等。但由于形成的氧化镁涂层不具有生物活性而牺牲了镁合金生物活性的优势。为解决这一问题，在生物活性涂层的制备中做了大量的研究工作。人骨的主要无机成分为羟基磷灰石 HA [Ca_{10}（PO_4）$_6$（OH）$_2$]，由钙离子、磷酸根基体与羟基组成，其钙磷的摩尔比为 1.67。从仿生的角度出发，又由于 HA 或类 HA 成分的物质具有很好的骨诱导作用，基于此研究从微弧氧化电解液应具有活性物质出发，开发了 $CaCO_3$、Na_3PO_4 系活性电解液，所制备的涂层具有一定的活性钙磷物质，但是此电解液为沉淀状态，使用过程中必须辅助搅拌来加速其在微弧氧化过程中的沉积，且其主要以颗粒状态进入微孔通道内。为了改善电解液的状态，本研究就活性电解液的选择、微弧氧化起弧状况、微弧氧化涂层钙磷活性物质的形成、涂层的形貌及微观结构进行研究，并获得了稳定性和活性极高的镁合金微弧氧化电解液，改善了镁合金的耐蚀性，同时增加了涂层的生物活性。

2.2 试验材料及方法

针对医用材料的特点，试验所用镁合金为课题组开发的铸态 Mg 合金，将具有生物活性的钙元素引入到合金中，制备成 Mg-Zn-Zr-Ca 合金，经过挤压成形后直径为 $\phi 15mm$、利用线切割将材料切割成 $\phi 15mm \times 1.5mm$ 的微弧氧化用试样。合金成分见表 2-1。

表 2-1　Mg-Zn-Zr-Ca 合金成分

元素	含量(质量分数)/%
Zn	6
Zr	0.3~0.6
Ca	0.2
Mn	0.1
Mg	余量

制备微弧氧化试样所用试剂及其浓度见表 2-2，试验用的微弧氧化电解液分别采用 $CaCO_3 + Na_3PO_4 + KOH$、$Ca（CH_3COO）_2 + Na_3PO_4 + KOH$、$NaPO_3 + Ca（CH_3COO）_2 + KOH$、$Ca（H_2PO_4）_2 + NaOH$ 四种体系。

表 2-2　钙磷系电解液配置

钙源	磷源	pH 值调节物	电解液状态	起弧状态	备注
$CaCO_3$	Na_3PO_4	KOH	沉淀	放电	搅拌
$Ca(CH_3COO)_2$	Na_3PO_4	KOH	沉淀	不放电	搅拌
$Ca(CH_3COO)_2$	$NaPO_3$	KOH	沉淀	不放电	搅拌
$Ca(H_2PO_4)_2$	$Ca(H_2PO_4)_2$	NaOH	胶体	放电	摩尔比为 1∶4

2.3　试验参数及工艺过程

微弧氧化所用设备为哈尔滨工业大学表面实验室研制的 30kW 脉冲电源，优化后工作参数选用，电压 300V，频率 500Hz，占空比 20%，氧化时间为 5min。试验过程中镁合金片作为阳极，不锈钢容器作为阴极，容器尺寸为 300mm×100mm×200mm。

2.4　镁合金微弧氧化不同体系电解液反应

根据表 2-2 中的电解液配方，1 号溶液为 $CaCO_3 + Na_3PO_4 + KOH$，将 $CaCO_3$ 和 Na_3PO_4 分别溶于 1L 水中，然后进行混合后加入 KOH。微溶状态的 $CaCO_3$ 与 Na_3PO_4 分发生化学反应，其反应方程式为式（2-1）：

$$3CaCO_3 + 2Na_3PO_4 \longrightarrow Ca_3(PO_4)_2 \downarrow + 3Na_2CO_3 \tag{2-1}$$

2 号溶液是将 1 号溶液中的 $CaCO_3$ 换为 $Ca(CH_3COO)_2$，即 $Ca(CH_3COO)_2 + Na_3PO_4 + KOH$，将 $Ca(CH_3COO)_2$ 和 Na_3PO_4 分别溶于 1L 水中，然后进行混合后加入 KOH，发生反应[式(2-2)和式(2-3)]而生成不溶物 $Ca_3(PO_4)_2$：

$$(CH_3COO)_2Ca \longrightarrow Ca^{2+} + 2(CH_3COO)^- \tag{2-2}$$

$$3Ca^{2+} + 2PO_4^{3-} \longrightarrow Ca_2(PO_4)_3 \downarrow \tag{2-3}$$

3 号溶液为 $NaPO_3 + Ca(CH_3COO)_2 + KOH$，将 $NaPO_3$ 与 $Ca(CH_3COO)_2$ 分别溶于水形成水溶液，发生反应如式（2-4）所示：

$$2PO_3^- + Ca^{2+} \longrightarrow Ca(PO_3)_2 \downarrow \tag{2-4}$$

以上三种电解液体系均为沉淀状态，在微弧氧化过程中必须辅助搅拌才能使得活性的钙磷物质沉积进入到涂层中。根据文献知镁合金的微弧氧化的电解液应处于碱性环境，因此每一个体系的电解液中都添加了 KOH 调节其 pH 值至碱性。基于此我们引入碱性物质 NaOH，并让其参与化学反应，选择在水中有一定溶解度的钙盐 $Ca_3(PO_4)_2$ 作为涂层的钙源物。4 号溶液为 $NaOH + Ca(H_2PO_4)_2$ 体系，通过调节 NaOH 和 $Ca(H_2PO_4)_2$ 的摩尔比获得了理想的胶体溶液，并且获得了微弧氧化钙磷活性涂层。本研究采用 NaOH 和 $Ca(H_2PO_4)_2$ 的摩尔比为 1:4 的溶液体系，对不同浓度的 NaOH 和 $Ca(H_2PO_4)_2$ 微弧氧化涂层的钙磷比和微观形貌进行研究。

2.5　胶体溶液体系微弧氧化镁合金表面形貌及元素分析

4号电解液作为制备微弧氧化活性涂层的电解液，摩尔比为 1∶4 的 $Ca(H_2PO_4)_2$ 和 NaOH 组分的电解液进行微弧氧化。$Ca(H_2PO_4)_2$ 和 NaOH

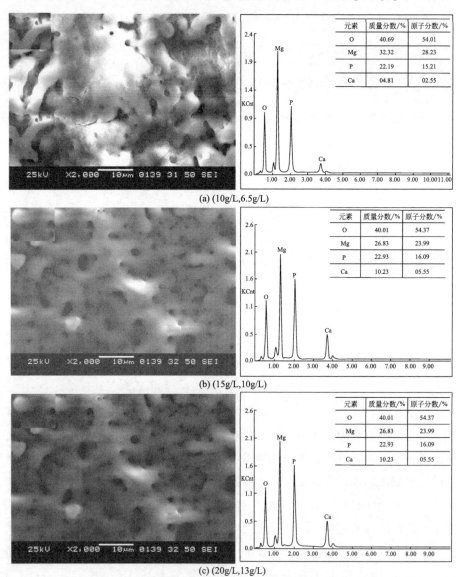

图 2-1　摩尔比为 1∶4 的不同浓度 $Ca(H_2PO_4)_2$ 和
NaOH 电解液的微弧氧化镁合金表面形貌及能谱

的浓度分别为（10g/L，6.5g/L）、（15g/L，10g/L）和（20g/L，13g/L）时的微弧氧化镁合金表面形貌和能谱见图 2-1。图 2-1（a）所示形成了熔融烧结状的不均匀的局部微孔结构，表面的钙磷比为 0.17。图 2-1（b）所示微孔较为均匀，但是表面的裂纹较为明显，表面的钙磷比为 0.25。图 2-1（c）所示微孔分布更为均匀，表面的裂纹明显减少，且表面的钙磷比增加为 0.34。

2.6　胶体溶液体系微弧氧化镁合金涂层表面 AFM 形貌

图 2-2 为微弧氧化镁合金涂层表面的原子力显微镜（AFM）的三维和二

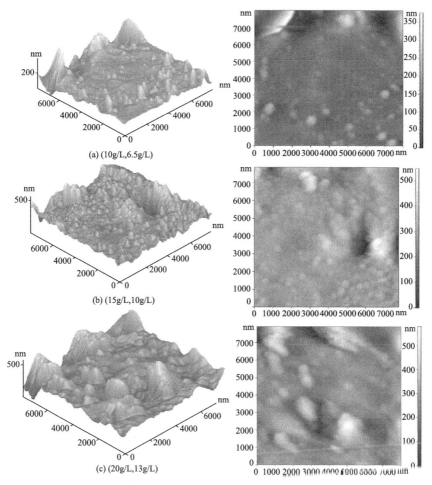

(a) (10g/L,6.5g/L)

(b) (15g/L,10g/L)

(c) (20g/L,13g/L)

图 2-2　摩尔比为 1：4 的不同浓度 Ca（H₂PO₄）₂ 和
NaOH 电解液的微弧氧化镁合金表面 AFM 形貌

维图。在小尺度范围内，涂层晶粒尺寸在纳米数量级上呈颗粒状分布。随着浓度的增加，涂层颗粒尺寸由 358nm 增加到 508nm，且颗粒分布越发均匀。当浓度为 Ca（H$_2$PO$_4$）$_2$ 和 NaOH 摩尔比为 1∶4，两者浓度为（10g/L，6.5g/L）时，微观范围内颗粒分布不均匀，且凸起比较尖锐；两者浓度为（15g/L，10g/L）时，微孔分布均匀，凸起间连接得比较圆滑；当浓度增加到（20g/L，13g/L）时，微区内颗粒数量增多。

2.7　胶体溶液体系微弧氧化镁合金涂层的孔隙率及厚度

　　Ca（H$_2$PO$_4$）$_2$ 和 NaOH 的浓度组记为 1、2 和 3，它们的浓度分别为（10g/L，6.5g/L）、（15g/L，10g/L）和（20g/L，13g/L）。获得的微弧氧化镁合金表面涂层的厚度和孔隙率见图 2-3。涂层的厚度随着溶液浓度的增加而增加，分别为 5.1μm、6.3μm 和 8.3μm。涂层的孔隙率分别为 53%、64% 和 63%，这与 AFM 微观结构相吻合。

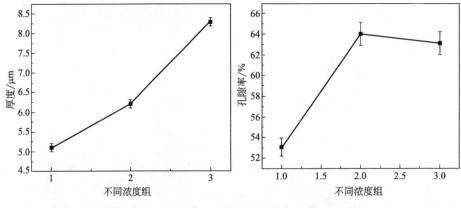

图 2-3　Ca（H$_2$PO$_4$）$_2$ 和 NaOH 摩尔比为 1∶4 的
电解液的微弧氧化镁合金涂层厚度与孔隙率

2.8　微弧氧化镁合金生物活性电解液体系

　　镁合金微弧氧化表面微孔是因为在较高的击穿电压作用下微弧氧化初期表面的氧化膜被击穿，形成熔融态镁及其氧化物在极冷条件下迅速凝固而生成的。微弧氧化过程中电子迁移对膜生长有较大的影响，涂层的微孔结构、涂层厚度与溶液的电导率等有着直接的关系。涂层以氧化镁为主相，同时可以引入活性钙磷物质以增加其生物活性。NaOH 和 Ca（H$_2$PO$_4$）$_2$ 以不同摩尔比混合制备出不同状态的电解液，当少量的 NaOH 与 Ca（H_2PO_4）$_2$ 的摩尔比为 1∶1 时发生反应如式（2-5）所示：

$$Ca^{2+} + H_2PO_4^- + OH^- \longrightarrow CaHPO_4 \downarrow + H_2O \qquad (2-5)$$

此时，溶液呈酸性，微弧氧化过程不能进行。当 NaOH 与 Ca（H_2PO_4）$_2$ 的摩尔比为 3∶1 时发生反应如式（2-6）所示：

$$3Ca^{2+} + 6H_2PO_4^- + 9OH^- \longrightarrow Ca_3(PO_4)_2 \downarrow + 3HPO_4^{2-} + 9H_2O + PO_4^{3-}$$

$$(2-6)$$

此时，溶液中有沉淀物生成，活性的钙磷物质不能充分发挥活性作用，且微弧氧化起弧效果不佳。当 NaOH 与 Ca（H_2PO_4）$_2$ 的摩尔比为 4∶1 时，即 NaOH 过量，溶液中发生反应如式（2-7）所示：

$$3Ca^{2+} + 6H_2PO_4^- + 12OH^- \longrightarrow Ca_3(PO_4)_2 \downarrow + 12H_2O + 4PO_4^{3-} \quad (2-7)$$

此时形成了均匀混合液胶体，$Ca_3(PO_4)_2$ 微小颗粒在碱性环境下均匀地分散于溶液中，且碱性电解液有利于微弧氧化的进行。所以选取 NaOH 与 Ca（H_2PO_4）$_2$ 的摩尔比为 4∶1 进行微弧氧化处理，Ca（H_2PO_4）$_2$ 和 NaOH 的浓度分别为（10g/L，6.5g/L）、（15g/L，10g/L）和（20g/L，13g/L）时研究微弧氧化涂层的形成质量。Ca（H_2PO_4）$_2$ 和 NaOH 的浓度为 10g/L 和 6.5g/L 时由于溶液中活性离子相对较少，溶液的电导率较小，分配在试样上的电压较小，发生击穿瞬间的能量较小，击穿熔融物在冷却凝固后留下的微孔孔径较小；随着溶液浓度的增加、溶液电导率的增大，作用在试样上的电压相应地增加，试样发生击穿瞬间的能量变大，微弧放电更加容易，使得击穿熔融物在冷却凝固后留下的微孔相互连接，AFM 微观图中呈现的连接较为圆滑。AFM 中显示晶粒尺寸增加，亦是由于微弧氧化过程中涂层表面的输入量增加而致。浓度增加的同时，镁合金放电明显，涂层生成速度加快，进而形成的膜层的厚度也相应地增加、有利于膜层的生长，即膜层的厚度由 $5.3\mu m$ 增加到 $8.2\mu m$。涂层表面的钙磷比随着浓度的增加由 0.25 增加到 0.34。电解液的浓度不同时，涂层的表面结构和活性物质成分发生了变化，从而可以通过改变电解液的成分来控制生物涂层活性等。

2.9　本章小结

通过对 $CaCO_3$ + Na_3PO_4 + KOH、Ca（CH_3COO）$_2$ + Na_3PO_4 + KOH、$NaPO_3$ + Ca（CH_3COO）$_2$ + KOH、Ca（H_2PO_4）$_2$ + NaOH 等 4 种钙磷活性电

解液体系进行研究获得如下结论：

（1）$Ca(H_2PO_4)_2$ 与 NaOH 的摩尔比为 1∶4 时，NaOH 与 $Ca(H_2PO_4)_2$ 体系可以获得胶体溶液的活性微弧氧化电解液。且 $Ca(H_2PO_4)_2$ 和 NaOH 的浓度由（10g/L，6.5g/L）增加到、（20g/L，13g/L）时涂层的 Ca/P 比由 0.25 增加到 0.34。

（2）随着 $Ca(H_2PO_4)_2$ 和 NaOH 的浓度的增加，涂层的厚度由 $5.1\mu m$ 增加至 $8.3\mu m$，微弧氧化更容易进行；涂层的孔隙率由 53％增加到 64％，而当浓度为（20g/L，13g/L）时为 63％，涂层的孔隙率略有下降。因此溶液浓度为（20g/L，13g/L）的电解液更适合作为活性钙磷涂层的制备溶液。

（3）后续研究超声对微弧氧化镁合金生物涂层的影响均采用此溶液体系。

◆ 参考文献 ◆

[1] Ding Wenjiang. Opportunities and challenges for the biodegradable magnesium alloy as next generation biomaterials [J]. Regenerative Biomaterials，2016，79-86.

[2] Witte F，Hort N，Vogt C，et al. Degradable biomaterials based on magnesium corrosion [J]. Curr Opinion Solid State & Materials Science，2008，12：63-72.

[3] Dermience M，Lognay G，Mathieu F，et al. Effects of thirty elements on bone metabolism [J]. Journal of trace elements in medicine and biology：organ of the Society for Minerals and Trace Elements，2015，32：86-106.

[4] 袁广银，张佳，丁文江. 可降解医用镁基生物材料的研究进展 [J]. 中国材料进展，2011，30（2）：44-50.

[5] Gu X N，Li N，Zhou W R，et al. Corrosion resistance and surface biocompatibility of a microarc oxidation coating on a Mg-Ca alloy [J]. Acta Biomaterialia，2011，7（4）：1880-1889.

[6] Xu L P，Zhang E L，Yang K. Phosphating treatment and corrosion properties of Mg-Mn-Zn alloy for biomedical application [J]. Journal of Materials Science：Materials in Medicine，2009，20（4）：859-867.

[7] 曾荣昌，孔令鸿，许苏，等. 医用 Mg-Li-Ca 涂层腐蚀研究 [J]. 重庆理工大学学报，2010，24（10）：34-39.

[8] Liu G Y，Hu J，Ding Z K，et al. Bioactive calcium phosphate coating formed on micro-arc oxidized magnesium by chemical deposition [J]. Applied surface Science，2011，257：2051-2057.

[9] 张爱琴. 超声辅助微弧氧化镁与钛基新型生物涂层的制备与性能研究 [D]. 佳木斯：佳木斯大学，2010.

[10] 薛文斌，邓志威，来永春. ZM5 镁合金微弧氧化膜的生长规律 [J]. 金属热处理学报，1998，19（13）：42-45.

[11] 张淑芬，张先锋，蒋百灵 . 溶液电导率对镁合金微弧氧化的影响 [J] . 材料保护，2004，37 (4)：7-9.

[12] 唐光昕，张人佶，颜永年 . 多孔二氧化钛涂层的表面形貌 [J] . 清华大学学报（自然科学版），2004，44 (11)：1445-1447.

[13] 曲立杰，马春力，李慕勤 . 镁合金微弧氧化生物活性电解液的制备研究 [J] . 佳木斯大学学报，2018，36 (3)：410-414.

第3章

超声在微弧放电过程中的作用

3.1 引言

微弧氧化过程中产生的大量的瞬时放电击穿，对涂层的生长起到了重要的作用，使得生成的涂层具有"火山口"形貌特征。文献研究 7075 铝合金微弧氧化过程中，涂层表面微孔的直径从 1min 时的 $1.3\mu m$ 增加到 30min 时的 $2.4\mu m$，表面粗糙度随着厚度的增加而增加，而火山口面积密度随着时间的增加而降低。Matykina 研究了钛合金的微弧氧化有相似的作用规律，微弧氧化过程中形成内部贯通的孔。同时微弧氧化过程中，高电场作用下金属基体在电解液环境中，电解液中的物质进入氧化层中，对氧化过程起到了重要的作用，引入氧化层中的物质对膜层的最终性能产生重要的影响。

微弧氧化涂层的形成过程中影响因素较多，如形成涂层的孔隙率、孔径、厚度、表面粗糙度、耐蚀性能等，归根结底主要是微弧放电过程及特性决定涂层的最终质量。因此，对微弧氧化的放电过程的研究尤为重要。到目前为止，对微弧氧化过程的放电特性的研究较多，采用了不同的方法，最早是采用光谱和光镜的方法。1977 年提出了单个放电火花的特性研究，1994 年首次采用光发射谱对铝的微弧氧化放电过程进行研究，2005 年被进一步研究。Arrabal 利用高速摄影对镁合金的放电特性进行了研究。Yerokhin 等利用摄影机研究了放电持续时间等。Matykina 利用摄影机研究了放电寿命及放电电荷密度等，但是该研究表明涂层表面的实际"火山口"的数量与放电电荷密度之间存在两个数量级的差异。

本研究利用高速摄影技术可以观察微弧放电的瞬变过程、放电现象以及超声对微弧放电过程的影响，研究单个脉冲内微弧放电个数以及同一位置微弧放电持续击穿的时间等，研究超声对微弧氧化过程中起弧电压的作用，进而揭示超声在微弧氧化涂层形成过程中的作用机制。拍摄微弧放电现象时采用的微弧氧化过程参数为电压 300V、氧化时间 5min、频率为 $1/T=70.5\mathrm{Hz}$、脉宽 $t=310\mu s$，其脉冲形式见图 3-1。

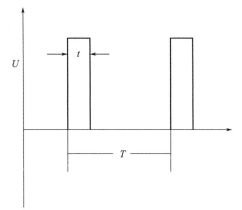

图 3-1 微弧氧化脉冲电源工作模式

此过程中微弧氧化 4min 时拍摄弧光点，高速摄影的拍摄频率为 3000 帧/s。根据上述参数可知每隔 3000/70.5＝43（幅）出现一个放电图像，而每幅照片拍摄时间为 $1/3000\times10^{6}\mu s$，即 $333\mu s$。因此在微弧氧化的每一个脉冲周期内拍摄的放电照片仅为 1 张。微弧氧化电解液配方见表 3-1。

3.2 试验设备及工艺过程

在微弧氧化过程中引入了 40kHz 超声制备微弧氧化镁合金涂层，超声功率分别为 0W、60W、90W、120W、150W 和 180W。图 3-2 为超声微弧氧化设备示意图，电解液配方见表 3-1。

表 3-1 超声微弧氧化镁合金电解液配方

试剂	含量	规格	生产厂家
$Ca(H_2PO_4)_2 \cdot H_2O$	20g/L	分析纯	天津市瑞金特化学品有限公司
NaOH	13g/L	分析纯	天津市瑞金特化学品有限公司
丙三醇	10mL	分析纯	天津市瑞金特化学品有限公司

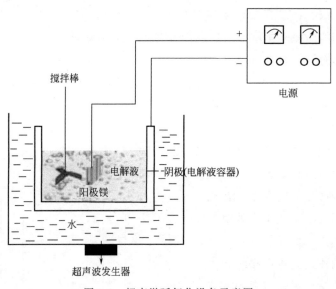

图 3-2 超声微弧氧化设备示意图

3.3 微弧放电特性测试方法

采用德国 Optronis CR5000×2 Camrecord 型高速摄像机拍摄微弧放电过程，高速摄影的拍摄频率为 3000 帧/s。采用普通数码相机对不同电压下微弧放电现象、起弧电压以及超声的空化泡状态等进行研究。

3.4 超声微弧放电过程研究

在微弧氧化过程中引入不同功率的超声，研究超声对镁合金微弧放电过程的影响。图3-3为没有加入超声的微弧氧化放电过程的高速摄影照片。从拍摄照片可知微弧放电过程呈周期性变化，从强弧到弱弧整个过程持续了6个脉冲时间，即6×310μs。

根据各个弧光点在拍摄照片中的坐标位置可知，在未加入超声时，在连续三个脉冲时间（3×310μs）内，微弧放电弧点密度较高，而且在这三个脉冲时间内仅发现一个位置有重复击穿放电微弧点，即点1。随后的三个脉冲时间内弧点数量明显减少，说明放电减弱。整个放电周期内，弧点总数为38个。

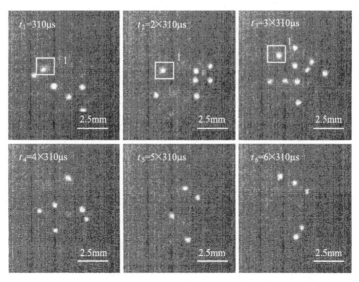

图3-3 0W超声微弧氧化一个放电周期内放电高速摄影照片

图3-4为60W超声微弧氧化放电过程的高速摄影照片。微弧放电过程呈周期性变化，从强弧到弱弧整个过程持续的时间仍然是6个脉冲。

60W小功率超声并没有改变微弧放电的周期，周期微弧放电弧点数量增加至51个。根据各个弧光点在拍摄照片中的坐标位置可知，具有较高弧光放电密度持续时间为5个脉冲，同一位置处放电微弧电持续时间增加至6个脉冲，即6×310μs。在整个强弧与弱弧过程中均有重复放电位置出

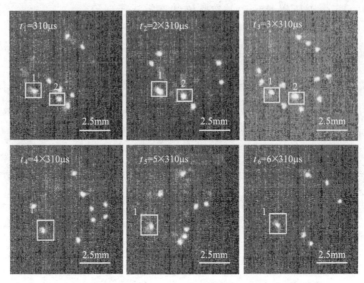

图 3-4　60W 超声微弧氧化一个放电周期内放电高速摄影照片

现，而且弧点 1 在 6 个脉冲时间内均出现，弧点 2 重复出现了 3 次。因此，60W 超声作用使得微弧放电在同一位置击穿时间延长，相同位置击穿放电概率增加。

　　图 3-5 为 90W 超声微弧氧化放电过程的高速摄影照片。90W 微弧放电过程仍然呈周期性变化，从强弧到弱弧整个过程持续的时间发生改变，达到 7 个脉冲，即 $7 \times 310 \mu s$。根据各个弧光点在拍摄照片中的坐标位置可知，整个过程中重复击穿持续时间为 7 个脉冲，具有较高弧光放电密度持续时间为 5 个脉冲，整个周期内仅有一个位置发生了重复击穿，微弧放电弧点总数为 53 个。

　　图 3-6 为超声功率增加到 120W 时微弧氧化放电过程的高速摄影照片。微弧放电过程呈周期性变化，从强弧到弱弧整个过程持续的时间与 90W 超声微弧氧化过程相同均为 7 个脉冲。与 90W 超声微弧氧化过程相比较，整个过程中弧光放电点明显减少，降为 40 个，与没有引入超声作用的弧点数量相近，但是重复击穿时间仍然持续 7 个脉冲，具有相对较高弧光放电密度持续时间为 5 个脉冲。

　　图 3-7 为超声功率增加到 150W 时微弧氧化放电过程的高速摄影照片。微弧放电过程呈周期性变化，从强弧到弱弧整个过程持续的时间与 90W 和 120W 超声微弧氧化过程相同均为 7 个脉冲。根据各个弧光点在拍摄照片中的

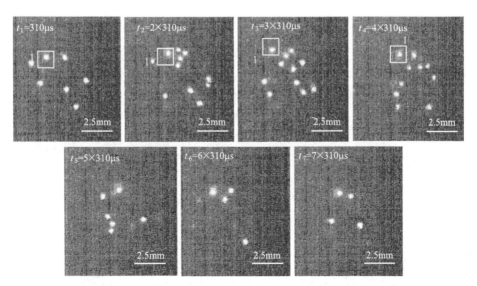

图 3-5　90W 超声微弧氧化一个放电周期内放电高速摄影照片

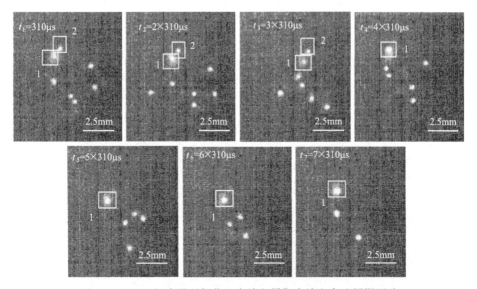

图 3-6　120W 超声微弧氧化一个放电周期内放电高速摄影照片

坐标位置可知，具有相对较高弧光放电密度持续时间为 5 个脉冲，微弧放电弧点数量增加至 60 个，整个周期内同一位置有持续放电点。

　　图 3-8 为超声功率增加到 100W 时微弧氧化放电过程的高速摄影照片。根据各个弧光点在拍摄照片中的坐标位置可知，起弧到灭弧整个过程仍然持续 7 个脉冲时间。整个过程仍然可见重复击穿的位置，并且微弧放电弧点数量明显

增加，达到最大值 81 个。

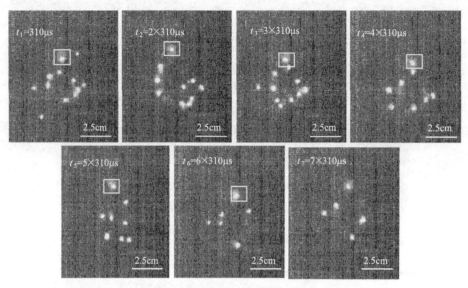

图 3-7　150W 超声微弧氧化一个放电周期内放电高速摄影照片

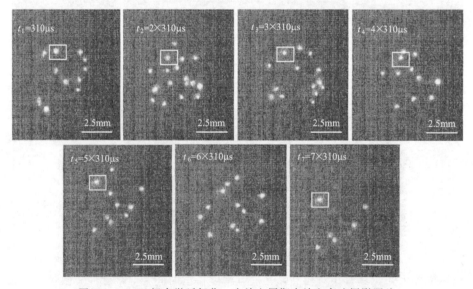

图 3-8　180W 超声微弧氧化一个放电周期内放电高速摄影照片

　　根据高速摄影结果可知，微弧氧化过程呈周期性变化，超声改变了微弧氧化的放电周期、周期内放电弧点的数量以及相同位置放电击穿持续的时间。表 3-2 为超声微弧氧化周期性放电过程中弧点的强弱、数量的统计。

表 3-2　超声微弧氧化周期性放电过程中弧点的强弱、数量的统计

超声功率/W	总弧点数/个	脉冲数/个		
		高弧光密度	某一弧点	周期
0	38	3	3	6
60	51	5	6	6
90	53	5	7	7
120	40	5	7	7
150	60	7	7	7
180	81	7	7	7

低功率 60W 超声作用下与没有引入超声的微弧氧化过程放电周期相同，均为 6 个脉冲时间。随着超声功率的增加，即功率为 90～180W，微弧放电周期增加至 7 个脉冲时间。超声作用下，使得微弧氧化过程周期内放电弧点的数量发生改变，超声功率在 0～90W 范围内弧点数量随着功率的增加而增加，即由 38 个增加到 53 个；功率达到 120W 时，微弧点数量与没有加入超声微弧氧化时相近；随后超声功率增加周期内微弧放电数量增加；功率为 180W 时，总的弧点数最多为 81 个，而且整个周期放电过程中弧光的密度保持很高。因此，在微弧氧化过程中引入超声，使得微弧氧化过程周期发生改变，同一位置发生微弧放电的概率和时间发生改变，并且周期内多弧放电持续时间增加。

3.5　超声功率-微弧放电电压响应

图 3-9 为超声微弧氧化过程中超声功率与微弧放电电压的响应关系曲线，该曲线表明随着超声功率增加，火花放电电压降低，继续增加超声功率达到某一值时，火花放电电压会保持恒定值。

未引入超声的 MAO 过程中，当电压为 200V 时，在微弧氧化试样表面中可见均匀分布的放电弧光，在这一阶段放电弧光呈现白色。当超声功率为 60W 时，火花放电电压变化不大，在电压为 195V 时就可见快速移动的放电弧光，继续增加超声功率到达 90～120W 时，火花放电电压变化明显，在电压为 180～175V 时就可见快速移动的放电弧光。超声功率在 150～180W 时，火花放电电压降低到 170V。当电压达到 300V 时，所有试样表面弧光放电更加剧烈，弧光点颜色变成了橘黄色。

图 3-10 和图 3-11 为电压分别为 200V、300V 时，不同超声功率下 MAO 过程的火花放电数码照片。当工作电压相同时，放电火花的尺寸大小及亮度等

与超声功率大小有直接关系。

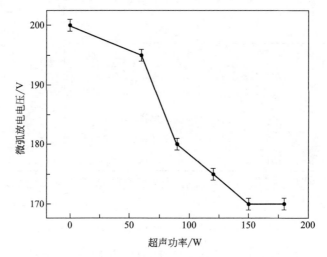

图 3-9　超声功率与微弧放电电压的响应关系曲线

图 3-10　电压为 200V 时不同超声功率下 MAO 过程的火花放电数码照片

　　电压为 200V 时，火花分布稀疏但很均匀。电压为 300V 时，火花密度增强，放电剧烈。当加入不同超声功率时，宏观的数码图像没有明显的区别，但是可见电解液中生成了大量的气泡，而且微弧氧化试样周围的气泡的数量随着

图 3-11　电压为 300V 时不同超声功率下 MAO 过程的火花放电数码照片

功率的增加先增加后减少。当功率为 60W 和 90W 时，气泡的数量和大小没有明显区别。当功率增加到 120W 时，明显可见气泡的尺寸增大，数量较 90W 有所减少，说明 120W 时空化效应已经达到极限值。当功率继续增加 150～180W 时，仍然可见大而少的气泡。正是由于超声功率的改变，使得其产生的空化效应的强弱发生改变，宏观上体现在溶液中气泡的数量和大小，微观上影响微弧放电数量和位置，降低了微弧放电的起弧电压，这就意味着超声微弧氧化可以在较低的电压下进行，有利于电导率较低的电解液发生微弧氧化放电反应。

为了定量地研究超声微弧氧化体系的能耗，分别对不同超声功率下微弧氧化涂层形成过程所消耗的能量进行计算。利用单位体积能耗来评价超声对微弧氧化成膜过程的影响，单位体积能耗即形成单位体积的微弧氧化膜层所需的能量，其数学表达见式（3-1）：

$$\mathrm{ECPUV} = \frac{Q}{V} \tag{3-1}$$

本研究中微弧氧化电源模式采用的是恒压式，因此单位体积能耗的表达见式（3-2）：

$$ECPUV = \frac{U\int_0^t i_t \mathrm{d}t}{Sh} \tag{3-2}$$

式中　U——微弧氧化工作电压；

　　　i_t——微弧氧化瞬时电流；

　　　S——微弧氧化膜层面积；

　　　h——微弧氧化膜厚度。

根据式（3-2）计算获得不同工作电压、微弧氧化时间为 5min 的条件下，微弧氧化所消耗能量 ECPUV 见图 3-12，超声提供能量与微弧氧化消耗能量之和 TEC（total energy consumption）见图 3-13。

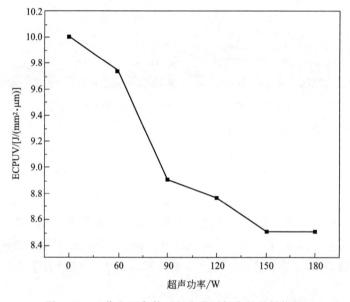

图 3-12　工作电压条件下超声微弧氧化的最低能耗

超声降低了微弧氧化过程中所消耗的能量，最低能耗随着超声功率的增加而减小，由 $10.0\mathrm{J}/(\mathrm{mm}^2 \cdot \mu\mathrm{m})$ 降至 $8.5\mathrm{J}/(\mathrm{mm}^2 \cdot \mu\mathrm{m})$，但是当功率达到 150W 时，所消耗的最低能量不再发生变化。同时超声使得整个过程的体系能量增加，增加了能耗，总能耗由 $10.0\mathrm{J}/(\mathrm{mm}^2 \cdot \mu\mathrm{m})$ 增加至 $16.0\mathrm{J}/(\mathrm{mm}^2 \cdot \mu\mathrm{m})$。因此从能耗的角度出发超声没有积极作用，但是超声可以有效地降低溶液的起弧电压，可以有利于难以起弧的溶液体系发生微弧氧化反应，扩大微弧氧化电解液的应用范围。

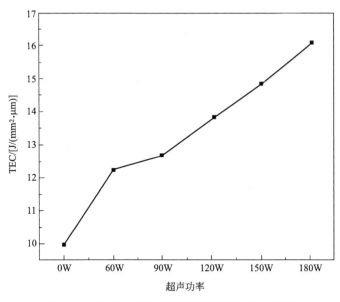

图 3-13　工作电压条件下超声微弧氧化的总能耗

3.6　超声对微弧放电作用机理

通过对超声微弧氧化的微弧放电过程的高速摄影和数码照片的研究，获得超声对放电电压临界值的影响和放电微弧数量等的影响。

3.6.1　超声对微弧放电电压的影响

微弧氧化电源提供的电压一方面用于阳极氧化，同时电解液中有部分电压降产生，溶液中气泡团是产生电压降的主要位置。超声空化效应使得 MAO 过程中形成的气泡团数量减少，使该过程溶液上产生的电压降减小，因此 UMAO（超声微弧氧化）过程的有效电压相对较高，更容易使得阳极氧化过程转为放电过程。此外，超声空化效应作用下产生了巨大的压力，当形成的高压大于基体材料中颗粒的结合强度时，材料的显微结构将会遭到破坏而形成缺陷。正是缺陷数量的增多和有效电压的增加，使得放电击穿变得更容易。

3.6.2　超声对微弧放电数量的影响

当超声功率较小即为 60W、90W 时，随着超声功率的增加形成的涂层表面的缺陷数量增加，使得微弧放电概率增加，因而微弧放电数量增加。但是功率增加到 120W 时涂层的放电微弧点反而减少，结果见图 3-6，此时一个周期内放电微弧数量降低为 40 个。产生该现象的原因可以归结于两方面，一方面是增强的空化效应致使微弧氧化过程中的 O_2 气泡崩溃概率增加，从而降低了形成击穿放电通道的概率；另一方面是增强的空化效应使得缺陷较多的涂层发生了溶解，而留下缺陷较少的涂层，其放电阻抗较大而使得击穿变得相对困难。当功率继续增加到 150W 和 180W 时，超声空化效应超过极限值后空化效应减弱，其放电现象同 60W 和 90W 时相似，与 120W 时的超声作用相比较，微弧放电数量明显增多，所以 150W 和 180W UMAO 中放电微弧数量相对于 120W 的有所增加。超声属于稀疏波，其易于在无缺陷或者缺陷数量少的区域传播，在此区域传播时又会增加缺陷概率，因而超声作用使得反复击穿放电现象明显。

3.7　本章小结

通过高速摄影和数码技术对超声对微弧氧化镁合金微弧放电过程的影响研究表明：

（1）超声降低了微弧氧化火花放电过程的电压临界值和微弧氧化最低能耗，但是体系消耗的总能量增加。0～180W 范围内的超声，对应的起弧电压的临界值为 200～175V，最低能耗由 10.0J/ （mm²·μm）降至 8.5J/ （mm²·μm），而总能耗由 10.0J/ （mm²·μm）增至 16.0J/ （mm²·μm）。超声有利于难以起弧的溶液体系发生微弧氧化反应，扩大微弧氧化溶液体系应用范围。

（2）超声改变了微弧氧化放电的周期及周期放电微弧数量。0～60W 放电周期为 6 个脉冲，90～180W 放电周期为 7 个脉冲。0～90W 时，一个周期内的放电微弧的数量随着超声功率的增加而增加，由 38 个增加至 51 个；功率为 120W 时放电微弧数量与未引入超声的微弧氧化相接近，为 40 个；150～180W 功率范围内放电微弧数量又随着功率增加而增加，180W 时达到最大值 81 个。

（3）超声延长微弧氧化过程某一弧点放电时间。从 0W 增至 60W 时，持续时间由 3 个脉冲增加为 6 个脉冲；90～180W 时，持续时间为 7 个脉冲。

◆ 参考文献 ◆

[1] Dunleavy C S, Golosnoy I O, Curran J A, et al. Characterisation of discharge events during plasma electrolytic oxidation [J] . Surface and Coatings Technology, 2009, 203: 3410-3419.
[2] Sundararajan G, Rama K L. Mechanisms underlying the formation of thick alumina coatings through

the MAO coating technology [J]. Surface Coating Technology, 2003, 167: 269-277.

[3] Matykina E, Berkani A, Skeldon P, et al, Characterization of spark-anodized titanium for biomedical applications [J]. Electrochimcal Society, 2007, 154: C278-C285.

[4] Albella J M, Montero I, Martinez-Duart J M. Dielectric breakdown processes in anodio Ta_2O_5 and related oxides [J]. Journal of Materials Science, 1991, 26: 3422-3432.

[5] Sankara-Narayanan T S N, Song Park Il, Lee M H. Strategies toimprove the corrosion resistance of microarc oxidation (MAO) coated magnesium alloys for degradable implants: Prospects and challenges [J]. Progress in Materials Science, 2014, 60: 1-71.

[6] Van T B, Brown S D, Wirtz G. Mechanism of anodic spark deposition [J]. American Ceramics Society Bulletin, 1977, 56 (6): 563-566.

[7] Klapkiv M D, Nykyforchyn H M, Posuvailo V M. Materials Science, 1994, 30: 333-334.

[8] Mécuson F, Czerwiec T, Belmonte T, et al. Diagnostics of an Electrolytic Microarc Process for Aluminum Alloy Oxidation [J]. Surface Coating Technology, 2005, 200: 804-808.

[9] Arrabal R, Matykina E, Hashimoto T, et al. Characterization of AC PEO coatings on magnesium alloys [J]. Surface and Coatings Technology, 2009, 203: 2207-2220.

[10] Yerokhin A L, Snizhko L O, Gurevina N L, et al. Discharge characterisation in plasma electrolytic oxidation of aluminium [J]. Journal of Physics D, 2003, 36: 2110.

[11] 王晓波. 低能耗镁合金微弧氧化电解液设计及添加剂作用机制研究 [D]. 哈尔滨: 哈尔滨工业大学, 2012.

[12] Li M Y, Ji H G, Wang CQ, et al. Interdiffusion of Al - Ni system enhanced by ultrasonic vibration at ambient temperature [J]. Ultrasonics, 2006, 45: 61-65.

[13] Li Muqin, Qu Lijie, Ma Chunli, et al. Discharge mechanism of ultrasound micro-arc oxidation on magnesium alloy [J]. China Welding, 2015, 24 (2): 30-34.

第 4 章

超声微弧氧化镁合金涂层的组织结构与性能

4.1 引言

生物材料植入体内后与细胞最先接触的是材料表面，除了材料表面的理化性质，材料表面的结构也会显著地影响细胞的黏附、铺展、生长、繁殖、生物化学活性和导向。生物材料的多孔、粗糙的表面有利于细胞的黏附等。材料的生物学性能与其表面状态之间有直接关系。一些临床研究表明被用作承载部位的种植体材料要具有良好的结合力及耐磨性能。涂层种植体材料中如果涂层与基体结合力差，将会导致种植体在种植早期发生涂层与基体的分离。生物镁合金涂层的结合力和耐磨性能是其临床应用的关键，因此，结合力和磨损情况成为评价种植体涂层的关键力学性能。

本章主要研究不同功率的超声对涂层的组织结构、结合力、耐磨性能的影响，涂层在磨损过程中的摩擦因数变化等。对微弧氧化处理的镁合金进行后处理，采用电化学沉积的方法。电化学沉积的电解液为 0.21mol/L 的 $Ca(NO_3)_2 \cdot 4H_2O$ 和 0.125mol/L 的 $NH_4H_2PO_4$，Ca/P 的比值为 1.67 的混合溶液。电沉积使用恒电流模式，即 $15A/cm^2$ 的电流密度，沉积时间为 60min，微弧氧化镁合金作为阴极试样，不锈钢片作为阳极材料。

4.2 涂层的组织结构表征及性能测试

4.2.1 涂层表面分析

采用 TT260 型涂层测厚仪测定涂层厚度，为了提高测量精度，在同一个试样内取 5 个不同位置进行测量，其平均值作为涂层厚度。

采用 ImageJ 6.0 软件测定涂层表层孔隙率，同一放大倍数的图像选取 5 个不同区域进行测量，取平均值作为该测量涂层的孔隙率。用 Nano Measurer1.2 软件测量表面微孔的直径大小，每个微孔测量 5 次后取平均值。

采用上海泰明光学仪器公司生产的 JB-4C 表面粗糙度测试仪测试涂层的粗糙度，传感器移动速度为 0.5mm/s，取样长度为 $L_r = 0.8mm$，评定长度为 $L_n = 3.2mm$，每个试样测试 5 次后取其平均值。

4.2.2 涂层组织结构分析

采用扫描电镜（JSM-6360LV）观察试样表面及断面形貌，用能谱（FALCON60S）分析涂层的表面及断面元素含量。

采用 AJ-Ⅲ 原子力显微镜（AFM）分析涂层断面微观形貌，扫描速率为1.006770Hz。

采用Bruker D8 Advance X射线衍射仪分析微弧氧化涂层材料的相组成。测试参数为：扫描 2θ 范围为 $10°\sim90°$，扫描速率为 $2°/min$，掠入射角度为 $1°\sim4°$。

采用Bruker VERTEX 70型号的红外光谱仪测试涂层中官能团。采用溴化钾压片法对刮下的涂层制样，$400\sim4000cm^{-1}$ 是测试范围，分辨率为 $4cm^{-1}$。

采用JEM-2100高分辨电镜（HRTEM）分析涂层显微结构。使用离子Gatan61减薄设备制备透射试样。透射电镜测试参数为：加速电压200kV。采用Gatan Digital Micrograph（DM）软件测量高分辨（HRTEM）图像中晶格间距，将高分辨图像进行傅里叶变化（FTT），在FFT中测量相应的两个斑点距离 L （nm），为减少误差，每次测量五次取其平均值，晶面间距 $d=L/2$。

4.2.3 摩擦磨损与结合力测试

使用兰州中科凯华开发有限公司生产的球-盘式摩擦磨损试验机研究超声微弧氧化涂层及镁合金基体材料的摩擦磨损性能，磨损试验使用SiC硬质陶瓷球作为摩擦副，其旋转速度为60r/min，直径为3mm，所加载荷为100gf（1gf=0.00980665N），摩擦时间为3000s。

利用兰州中科凯华开发有限公司生产的WS-2005涂层附着力自动划痕仪器测定涂层与基体之间的结合情况。测试参数为：加载速率为30N/min、试验载荷为30N、划痕长度为3mm。

采用OLYMPUS-GX71金相显微镜观察涂层剥离情况以及划痕出现位置等。

4.3 超声微弧氧化镁合金涂层的形貌分析

4.3.1 涂层表面粗糙度

不同超声功率作用下，微弧氧化镁合金涂层的表面粗糙度 Ra 和 Rz 的统计见图4-1。

0W功率时，Ra 为 $0.2988\mu m$，Rz 为 $2.264\mu m$。功率为60W、90W和120W时，涂层的 Ra 分别为 $0.299\mu m$、$0.3178\mu m$ 和 $0.345\mu m$，对应的涂层的 Rz 分别为 $2.3573\mu m$、$2.2158\mu m$、$2.787\mu m$。功率继续增加到150W时，Ra 为 $0.2946\mu m$，小于0W微弧氧化层的 Ra，对应的 Rz 降至 $2.272\mu m$。随

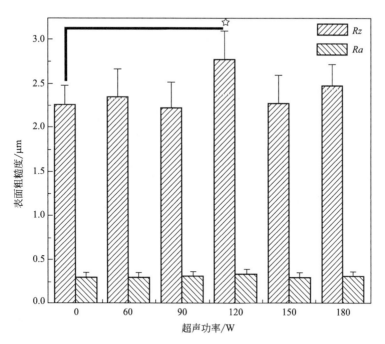

图 4-1　超声微弧氧化镁合金涂层的表面粗糙度值

后功率增加到 180W 时，涂层的 Ra 为 $0.3134\mu m$，Rz 为 $2.4835\mu m$。涂层的表面粗糙度值随功率增加而发生改变，但是仅 120W UMAO 涂层的表面粗糙度与 MAO 的相比均具有显著差异。

4.3.2　涂层表面形貌

图 4-2～图 4-5 分别为不同超声功率作用下涂层的表面孔隙率、最大孔直径、低倍形貌和高倍形貌。当微弧氧化过程中没有加入超声作用时，表面凸凹不平，孔隙率为 29.0%，孔较多而且孔径较小，最大孔的直径约为 $3\mu m$。当加入不同功率的超声功率时，涂层表面孔隙分布均匀，孔的数量减少，但是孔径增加。当功率为 60W 时，涂层的孔隙率为 32.1%，此时所形成的最大孔的直径增加到约 $5\mu m$。超声功率增加到 90W 时，涂层的孔隙率为 30.7%，最大孔的孔径达到 $8.6\mu m$。超声功率增加到 120W 时超声微弧氧化涂层的孔隙率为 29.8%，最大孔直径约为 $8.3\mu m$。超声功率增加到 150W 时超声微弧氧化涂层的孔隙率为 34.5%，最大孔直径约为 $8\mu m$。超声功率增加到 180W 时超声微弧氧化涂层的孔隙率为 32.7%，最大孔直径约为 $8\mu m$。

为了研究超声功率对涂层的微孔形成的影响，对涂层的表面进行了高倍扫描电镜观察，其结果见图 4-5（a）～（f）。微弧氧化涂层由于是在较高的局部

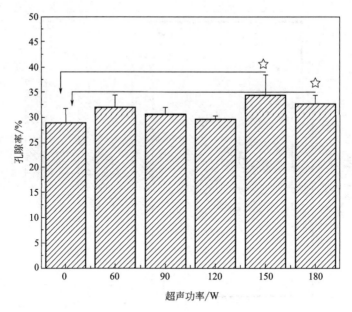

图 4-2　超声微弧氧化涂层表面孔隙率

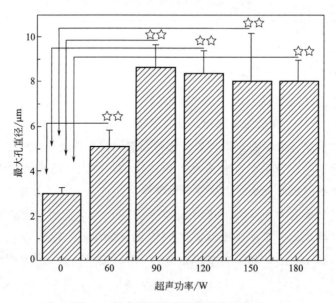

图 4-3　超声微弧氧化涂层最大孔直径

温度下经过相对很低的冷却介质中形成的，因此其表面不可避免地会产生微裂纹，微裂纹的产生势必影响涂层对基体的防护作用，因而降低了基体材料的耐蚀性能。没有加入超声时微弧氧化涂层的高倍 SEM 结果显示，涂层中孔的尺

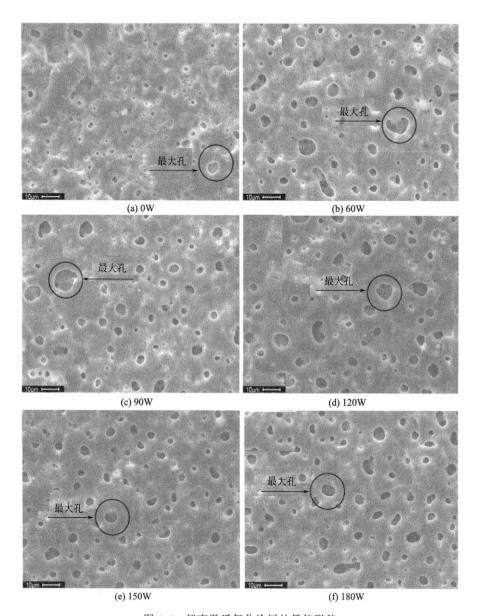

图 4-4　超声微弧氧化涂层的低倍形貌

寸差异较大，而且表面较多的微裂纹主要生于小孔与小孔之间。超声的加入可以有效地降低微裂纹的产生，60W、90W 超声微弧氧化涂层的大孔内形成多个小孔结构，微裂纹明显较少，但是存在的微裂纹主要是以小孔为源头向外扩展。功率增加到 120～180W 时，涂层中微裂纹基本消失。

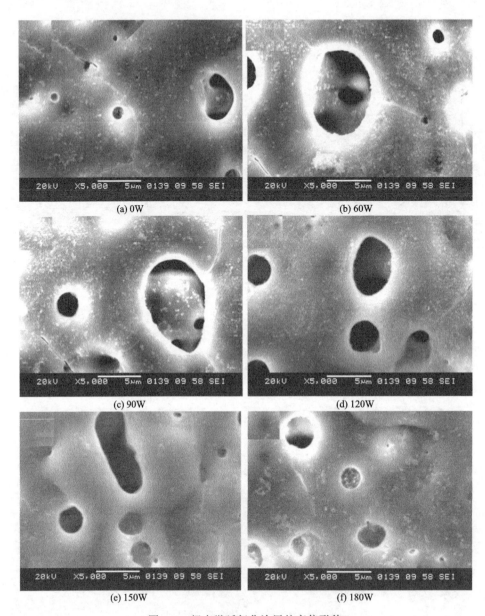

(a) 0W

(b) 60W

(c) 90W

(d) 120W

(e) 150W

(f) 180W

图 4-5　超声微弧氧化涂层的高倍形貌

4.3.3　涂层断面结构

4.3.3.1　微孔结构及涂层厚度

微弧氧化涂层一般包括多孔外层、较少的孔隙中间层以及薄的致密层。从

图 4-6 所示断面形貌可以清晰地观察到中间层和致密层结构。没有加入超声时，涂层与基体之间的致密层较薄，而且中间层与致密层之间存在明显的裂纹。加入 60～90W 超声作用时，基体与涂层之间的致密层厚度增加，中间层中微孔分布均匀。随着功率继续增加到 120W 时，涂层中致密层增加较厚，微孔数量较少。功率增加到 150W 时，致密层仍然较厚，但是中间层孔较大。功率高达 180W 时，中间层基本消失。

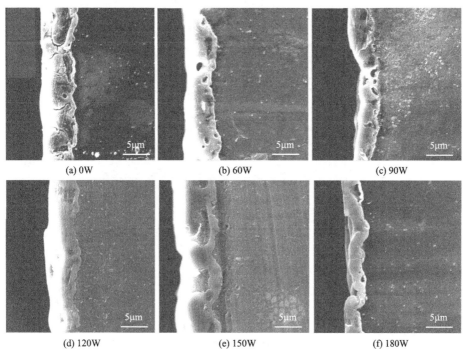

图 4-6　超声微弧氧化涂层的断面形貌

图 4-7 是不同的超声功率下微弧氧化涂层的厚度与超声功率的关系。未加入超声时涂层的厚度最大为 12.7μm；加入 60W 超声作用时，涂层的厚度减小到 10.8μm；超声功率为 90W 和 120W 时，涂层的厚度分别达到 9.2μm 和 10.4μm。继续增加超声功率至 150W 和 180W 时，涂层的厚度分别为 11μm 和 10.96μm。涂层的厚度发生变化的主要原因是超声功率增加，作用在涂层上的能量增加，产生的机械振动效应增强，以至于疏松涂层被破坏，而致密紧实的涂层保留完好。因此在功率小于 120W 时涂层的厚度随着超声功率的增加而降低，但是继续增加超声功率，较高的超声能量加速了化学反应的进程，从

而使得涂层的致密层厚度发生改变，因而涂层的总厚度表现为略微增加。

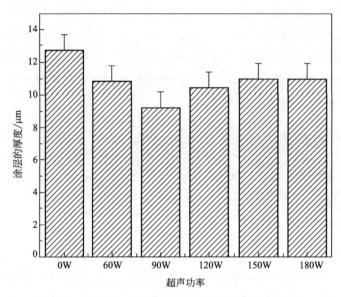

图 4-7　超声微弧氧化涂层的厚度与超声功率的关系

4.3.3.2　涂层断面 AFM 形貌

图 4-8（a）～（c）为微弧氧化涂层和 60W、90W 超声微弧氧化镁合金涂层断面的 AFM 二维和三维形貌图。图 4-9（a）～（c）为 120W、150W、180W 超声微弧氧化镁合涂层断面的 AFM 二维和三维形貌图。

微弧氧化涂层的 AFM 三维形貌具有典型的岛状结构，与文献报道相一致；二维形貌中可见纳米颗粒，其尺寸小于 87nm，颗粒聚集长大成短棒状，见图 4-8（a）。超声功率为 60W 涂层的二维形貌中可见纳米颗粒聚集长大，且垂直于基体面呈棒状形态生长，棒的尺寸大于微弧氧化涂层；三维形貌中仍然可见岛状结构，岛状与岛状粒子结合堆积生长形成棒状结构特征形貌，此时粒子的最大尺寸达到 106nm。超声功率为 90W 涂层的二维形貌中主要是颗粒形态的生成物，而三维形貌仍然为典型的岛状结构，粒子的最大尺寸为 119nm。

依据超声功率的不同，表面形成了生长方式不同、形貌不同、尺寸不同的纳米粒子。超声功率为 120W 涂层的二维与三维形貌和 0W 涂层的相似，但是粒子的尺寸增加到 105nm。然而超声功率大于 120W 时，涂层的生长形貌发生了完全改变，二维与三维均为板条状结构，但是仍然与超声功率为 60W 涂层的生长方式相似，即层层堆积生长。超声功率为 150W 和 180W 的涂层的生长形貌发生了完全改变，二维与三维均为板条状结构，但是仍然与超声功率为

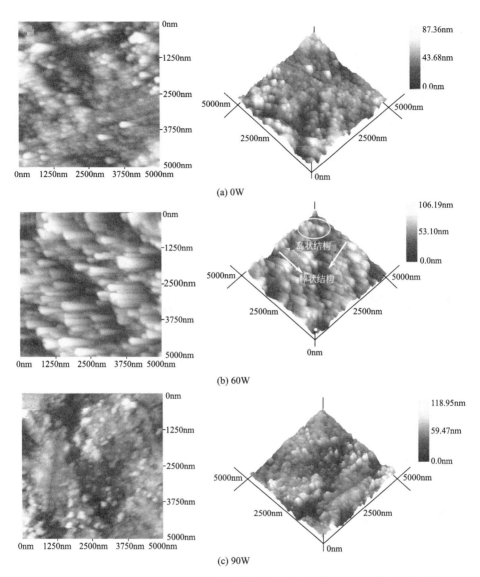

图 4-8　0W、60W、90W 超声微弧氧化镁合金涂层断面的 AFM 二维和三维形貌

60W 涂层的生长方式相似，即层层堆积生长。超声功率为 150W 和 180W 涂层的层片结构中，粒子的尺寸小于 72nm。

从涂层断面的 AFM 图中可以发现，涂层的形貌随着超声功率不同而发生了改变。其主要原因是在超声作用下，涂层生长局部点的温度升高，从而使涂层中的晶面能量增加，在该面上原子堆积的速率增加，垂直于该晶面方向的生长速率加快，其结果表现为两方面：一方面是晶体沿着垂直于该晶面的方向快

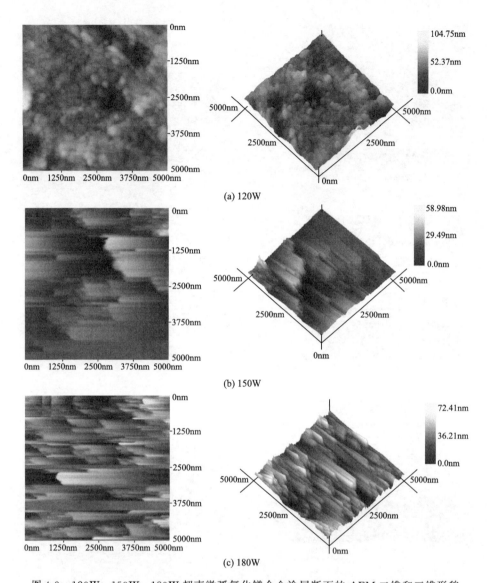

图 4-9　120W、150W、180W 超声微弧氧化镇合金涂层断面的 AFM 二维和三维形貌

速生长，而另一方面是该晶面在生长过程中消失。在引入 60W 超声时二维形貌中的棒状结构更加明显，三维形貌中表现出层层堆积的特征。功率增加到 90～120W 范围内时，即能量的增加使得涂层的生长过快而导致其在某一晶面方向上消失，因而其形貌特征与 0W 涂层相似，但是由于空化效应产生的高能量的作用，形成的粒子的尺寸增加。在 150W 和 180W 超声功率作用下涂层的生长方式发生了明显的改变。从生长形貌图可以看出，氧化膜均按照一定的取

向生长，但是能量高使得生长速度加快，因而表现出形貌差异。

4.4 涂层中各元素的 XPS 分析

利用 XPS 采集的数据进行了抽样整理，抽取 Mg、Ca、O、P 这四种元素。数据的前期采集和整理采用代码抽样工具 notepade＋＋将数据整理为相对应的 Energy/Count；将整理好的数据传入另一个工具 XPSPEAK41 中进行绘制图形，将绘制好的图形传入另一个分析工具中 Origin6.0 中进行整理。

4.4.1 涂层中 Mg 元素的 XPS 分析

由图 4-10 分析可得 Mg 元素的光电子线也就是主峰的波动大致都是相同的，Count 点集中在 80～120，主峰的 Energy 则最低趋近于 200，最高趋近于 700，但是也存在着不同，体现在主峰两侧的振激峰。当功率为 0～60W 时 Count 点为 80～90，振激峰没有很大的波动趋于平缓，出现这种情况主要是由于超声功率低表面的电子获得的能量较小产生少量的振激峰，大多都是振离

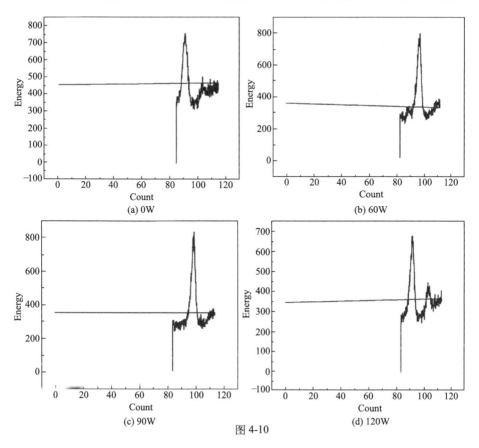

(a) 0W

(b) 60W

(c) 90W

(d) 120W

图 4-10

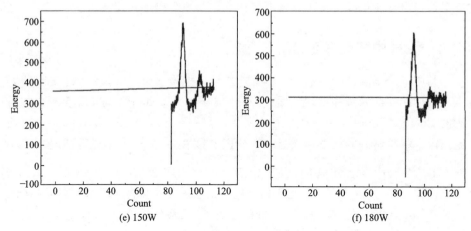

图 4-10　不同超声功率微弧氧化镁合金涂层 Mg 元素的 XPS 光电谱线

峰；当功率为 90～120W 时主峰两侧的伴峰都是振激峰，当功率为 150～180W 时又形成了镁元素的另一主峰，而后产生振激峰且能量波动很大，这是由于功率大导致化学反应速率快，所以主峰出现的速度很快，获得的能量大，进行电子跳跃的速度快。

4.4.2　涂层中 Ca 元素的 XPS 分析

由图 4-11 分析可得 Ca 元素的光电子线即主峰的波动大致都是相同的，Count 点集中在 350～400，主峰的 Energy 则最低趋近于 1750，最高趋近于 2000。当功率范围为 0～60W 时主峰前面都是振离峰，出现这种情况主要是由于超声的功率较小，内层电子获得的能量小不能发生跳跃，侧峰不能形成振激峰，只有平缓的振离峰；当功率在 90～120W 范围内增加时，主峰两侧的侧峰也发生了相应的变化，由平缓的振离峰转化为振激峰，这主要是由于功率的增加内层电子发生了跳跃，从而产生了振激峰；当功率为 150～180W 时，主峰

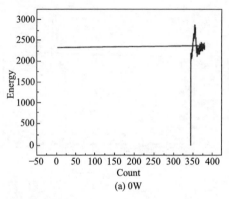

(a) 0W

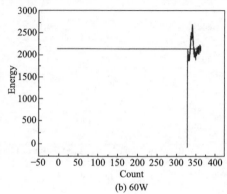

(b) 60W

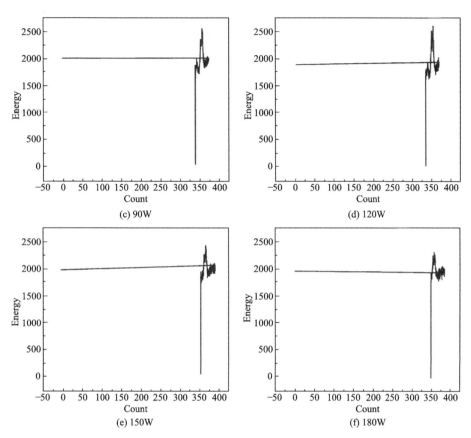

图 4-11　不同超声功率微弧氧化镁合金涂层 Ca 元素的 XPS 光电谱线

的左侧伴峰基本消失了，这主要是由于功率的增加使得化学反应变化加剧，从而直接产生主峰。还有就是当功率增加时微弧氧化获得的能量也就增加，所以内层电子也就获得较多的能量，产生了能量波动较大的振激峰，也就是在主峰的后面产生了波动较大的振激峰。

4.4.3　涂层中 O 元素的 XPS 分析

由图 4-12 分析可得 O 元素的光电子线即主峰的波动大致都是相同的，Count 点集中在 $530 \sim 580$，主峰的 Energy 则最低趋近于 0，最高趋近于 3700。当功率为 $0 \sim 60W$ 时主峰前面并没出现伴峰，出现这种情况主要是由于 O 原子的内层电子很活跃，在获得少量的能量后就开始出现主峰，并没有出现任何伴峰；当功率为 $90 \sim 120W$ 时功率增加，主峰两侧的侧峰也发生了相应的变化，由平缓的振离峰转化为振激峰，这主要是由于功率的增加内层电子发生了跳跃，从而产生了振激峰；当功率为 $150 \sim 180W$ 时主峰的左侧伴峰基本消失

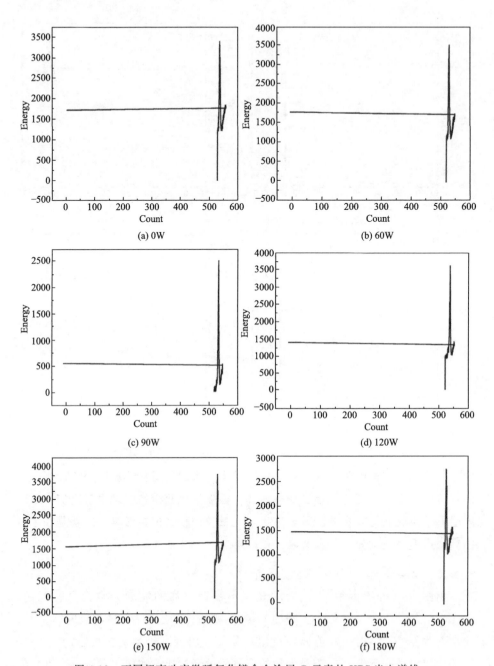

图 4-12　不同超声功率微弧氧化镁合金涂层 O 元素的 XPS 光电谱线

了，这主要是由于功率的增加使得化学反应变化加剧，从而直接产生主峰。当功率增加的时候微弧氧化获得的能量也就增加，所以内层电子也就获得的能量比较多，产生了能量波动较大的振激峰，也就是在主峰的后面产生了波动较大的振激峰。

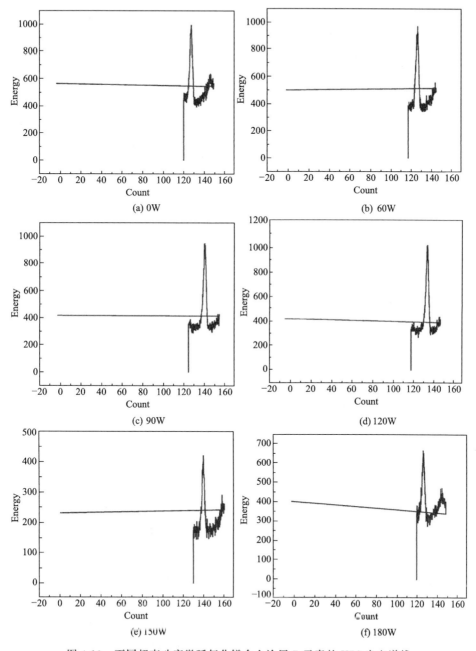

图 4-13　不同超声功率微弧氧化镁合金涂层 P 元素的 XPS 光电谱线

4.4.4 涂层中 P 元素的 XPS 分析

由图 4-13 分析可得 P 元素的光电子线即主峰的波动大致都是相同的，Count 点集中在 120～160，主峰的 Energy 则最低趋近于 300，最高趋近于 1000。当功率为 0～60W 时主峰前面并没出现伴峰，出现这种情况主要是由于 P 元素的内层电子不活跃，但是相比 Mg 和 Ca 又比较活跃，在获得少量的能量后内层电子就发生了跳跃，从而出现了能量波动的振激峰；当功率为 90～120W 时功率增加，主峰两侧的侧峰也发生了相应的变化，由平缓的振离峰转化为振激峰，这主要是由于功率的增加内层电子发生了跳跃，从而产生了振激峰；当功率为 150～180W 时主峰的左侧伴峰基本消失了，这主要是由于功率的增加使得化学反应变化加剧，从而直接产生主峰。还有就是当功率增加时微弧氧化获得的能量也就增加，所以内层电子也就获得的能量比较多，产生了能量波动较大的振激峰，也就是在主峰的后面产生了波动较大的振激峰。

4.5 涂层的形成机理

微弧氧化涂层主要由多孔层、中间层和致密层组成，也可以分为表层和内层。表层和内层的结构对生物镁合金降解性能和生物性能有重要的影响。对于表层主要考察微孔的大小和形态，外层的多孔结构有利于提高机械咬合作用，有利于增加细胞的黏附性。然而较高的孔隙率同时会增加腐蚀介质的侵蚀，因此，对于内层结构的控制尤为重要。对于内层主要考察致密层的厚度以及致密层与基体之间的冶金结合特性。致密层结构的好坏直接影响涂层的长期的耐蚀性能的控制和涂层与基体之间的结合力。超声对微弧氧化涂层的表层和内层的形成产生了重要的影响。

4.5.1 超声对微弧氧化涂层表层的形成影响

微弧氧化微孔主要是在弧光点击穿处形成的放电通道处产生的，因此称其为放电微孔。微孔主要是由于发射出的气泡和熔融氧化物通过微弧放电通道而产生的。微弧氧化过程中的放电特性是决定涂层表面形貌的本质因素，微孔的数量及尺寸决定于过程中的最终电压。

在超声的作用下，电极界面处生成了大量的气泡，该气泡为微弧放电提供了大量的反应通道，同时超声的空化效应使得界面处形成的气泡团数量减少，进而在溶液中产生的电压降减少，从而使得阴阳极间的有效电压降增加，因此，阳极能够在相对较低的电压下发生微弧放电反应，超声功率由 0W 增加到

150W 时，对应的起弧电压由 200V 降至 175V。相对于未加入超声作用的微弧氧化过程，较高的电压诱导大的火花的生成，在涂层表面形成了较大的孔，因而超声作用下的微弧氧化涂层的孔尺寸比没有超声作用的微孔大。图 4-14 为 MAO 与 UMAO 涂层中表层的形成过程。

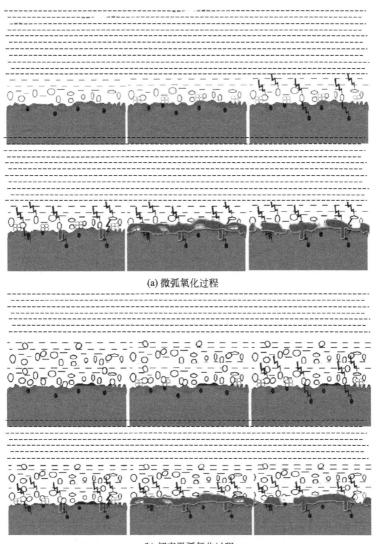

(a) 微弧氧化过程

(b) 超声微弧氧化过程

图 4-14　MAO 与 UMAO 涂层中表层的形成过程

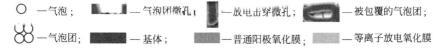

○ —气泡；　▬ —气泡团微孔；　| —放电击穿微孔；　▬ —被包覆的气泡团；

⚇ —气泡团；　■ —基体；　▬ —普通阳极氧化膜；　▬ —等离子放电氧化膜

　　超声延长了微弧氧化放电过程，即使得某一放电弧点放电时间由 3 个脉冲时间延长到了 7 个脉冲时间，因而在已经形成孔的位置形成了新的放电火花，即在整个 MAO 过程中均能持续放电，使得某一微区放电通道的能量增加，这就使得某一微区范围涂层形成较深且大的孔，并且小孔与小孔合并后出现椭圆形形状，该形状有利于涂层中应力的释放，进而减少涂层中的裂纹数量。同时由起弧电压（图 3-9）与微弧放电特点（图 3-10、图 3-11）可知，在超声作用下，微弧氧化过程中迅速形成快速移动的弧点，即形成微熔体。在超声空化效应作用下，熔体迅速流向反应通道，降低了熔体氧化物的凝固速度，从而减少了裂纹的产生，从图 4-6 中可以看到超声微弧氧化层中裂纹消失，这将有利于提高镁合金的耐蚀性能。超声作用下形成的涂层的表面孔隙率、孔的尺寸和孔的深度增加，进而增加了微孔的表面粗糙度。由表 3-2 可知超声增加了周期内微弧放电点数量，增加了放电火花的密度，并且延长了放电时间。图 3-6 揭示了在 120W 超声功率作用下，UMAO 过程一个周期内放电微弧数量与没有引入超声作用的相接近，主要原因是 120W 超声的空化效应已经达到饱和。当超声功率继续增加时，会产生大量的多余气泡，正是由于多余气泡给 MAO 又提供了新的反应通道，所以 150W 和 180W UMAO 涂层的周期微弧放电数量增加，对应形成的涂层的孔隙率增加，孔径稍有下降。

4.5.2　超声对微弧氧化涂层内层的形成影响

　　超声的作用有利于微弧氧化涂层的向内生长，从而增加了致密层的厚度。图 4-15 为超声微弧氧化过程中致密层的形成过程示意图。

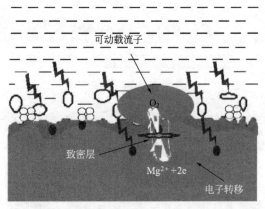

图 4-15　超声微弧氧化过程中致密层的形成过程示意图

　　超声高能作用降低了火花放电的临界电压，增加了反应放电概率，加速了微弧氧化进程。超声使得微弧氧化和镁合金体系获得 ΔU 的能量，该能量为镁合金的活化提供条件。在超声的作用下，微弧氧化的初期发生如下反应：

$$H_2O \xrightarrow{\Delta U} H^+ + OH^- \tag{4-1}$$

$$2H^+/H^+ \longrightarrow H_2/H_2O_2/H_2O \tag{4-2}$$

$$2OH^- \longrightarrow H_2O + O^{2-} \tag{4-3}$$

$$H_2O + Mg \longrightarrow MgO + H_2 \uparrow \tag{4-4}$$

当微弧氧化体系吸收一定的活化能即 ΔG^* 时，镁基体迅速达到活化状态而发生电子转移形成 Mg^{2+}：

$$Mg \xrightarrow{\Delta G^*} Mg^{2+} + 2e \tag{4-5}$$

$$Mg^{2+} + O^{2-} \longrightarrow MgO \tag{4-6}$$

镁离子迅速穿过表层的固态 MgO，并且到达镁和电解液的界面处。但是，由于 MgO 是绝缘层，该层阻碍电子的转移。在超声空化效应的作用下，可动的载流子 O^{2-} 移动到氧化层与基体界面处同 Mg^{2+} 发生反应而形成致密层。因此，超声作用下的微弧氧化致密层相对较厚。同时，超声的机械及活化作用使得外面疏松层遭到破坏，因此涂层总厚度变化不大，表现为稍有减小。

图 4-16 为不同超声功率下微弧氧化涂层中致密层与基体界面形貌。超声作用下使得微弧氧化过程中基体与界面处基体材料发生微区重熔，降低了重熔区形成枝晶的倾向，微弧氧化形成过程中，由于电子的撞击，放电通道的温度可以达到 2000～10000K，高温作用下与电解液/镁基体界面处的镁将发生熔融，熔融的镁一部分进入放电通道内与 O_2 发生反应，生成了 MgO。没有进入通道内的熔融镁将在快速冷却条件下发生凝固结晶反应，晶体在形核过程中，超声的扰动作用使得界面处的镁合金的晶粒得到细化，枝晶生长被抑制。金属材料的力学性能与晶粒的显微结构有紧密的关系，Chirita 研究了对熔融金属凝固过程施以超声扰动，获得均匀细小的晶粒。在空化效应和声流效应作用下，熔融金属凝固过程中形成细小晶粒，从而使金属的拉伸强度增加，超声空化效应产生的瞬时高压和高温使熔融的镁合金的形核均匀性增加，超声已经被广泛地应用到生产高性能的金属材料中。但是超声功率超过一定临界值时，超声的细化晶粒作用就不显著了。从图 4-16 中可知，0W 超声微弧氧化中由致密层向基体内侧方向形成人约 15μm 宽度的枝晶形貌；当超声功率为 60W 时，可见靠近基体处约 3μm 的枝晶形貌，但是结构不明显；当超声功率为 90W 和 120W 时，枝晶形貌完全消失。由超声微弧氧化过程的数码照片可知超声空化

效应的极限功率为 120W，超过该功率时空化效应先降低而后增加，说明 120W 时超声功率的空化效应已经达到最大值。当功率增加到 150W 时，超声的空化效应减弱，因而可见 2～3μm 明显的枝晶形貌。当超声功率增加到 180W 时，空化效应的增强使得枝晶形貌又消失。

从超声对涂层表面层以及致密层形成过程中的影响的分析可见，超声能够改变涂层的表面的孔隙率及孔径大小，降低表面生成裂纹倾向，增加致密层的厚度；放电微弧数量的增多能够增强基体与涂层之间的冶金结合性。

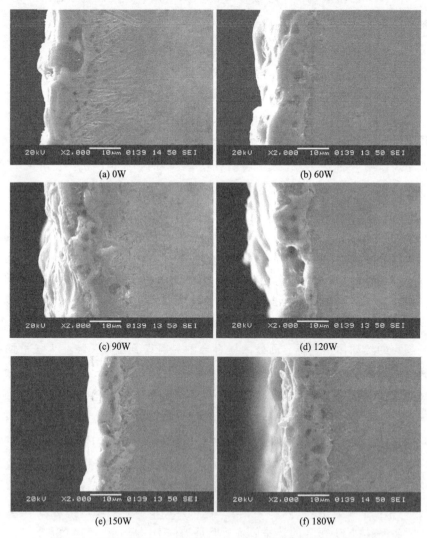

图 4-16　不同超声功率下微弧氧化涂层中致密层与基体界面形貌

4.6　超声微弧氧化镁合金涂层的组织结构

4.6.1　相组成分析

图 4-17 为镁合金基体的相组成分析图谱，ZK60-0.2Ca 合金经过热挤压处理后，其 α-Mg 优先长大的方向为（101）晶面，其他方向次之。

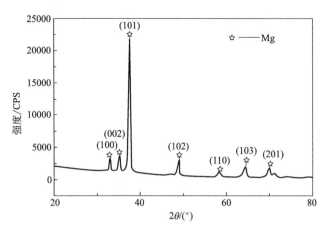

图 4-17　镁合金基体的相组成分析图谱

图 4-18 是不同超声功率下微弧氧化镁合金涂层的相组成，由于生成的涂层厚度较薄，约为 10μm，所以 Mg 基体相的衍射峰很强。由图 4-17 中 0W 微弧氧化涂层的相分析可见，经过微弧氧化处理后基体相的优先生长方向并没有发生改变，仍然是以（101）晶面为最优生长方向。引入不同功率的超声后基体 α-Mg 的优先生长方向发生了明显的改变。当功率为 60W 时，基体相的优

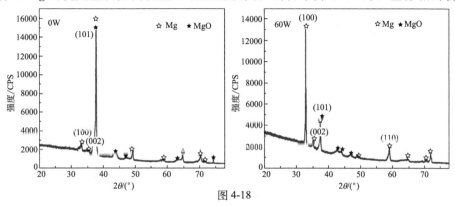

图 4-18

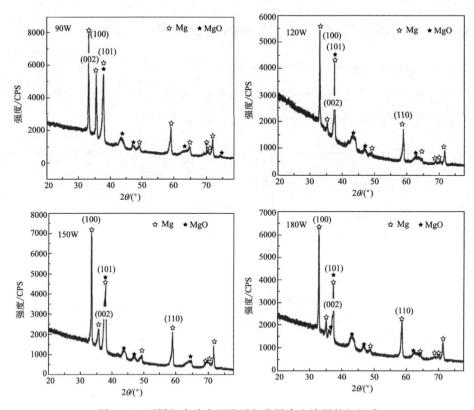

图 4-18　不同超声功率下微弧氧化镁合金涂层的相组成

先生长方向变为（100）晶面；功率增加到 90W 时（100）、（102）和（101）晶面同时优先生长；功率继续增加时，基体相的优先生长方向为（100）晶面。微弧氧化涂层主要由 MgO 组成。涂层相对应的衍射峰变化不明显，但是对应的 Mg 基体的衍射峰强弱差异很明显，由于各组涂层的厚度无明显差异，所以可知基体材料在微弧氧化反应过程中，与涂层相连接的界面处的基体重熔后，在凝固过程中发生了取向生长。该结果与图 4-16 所示结果相吻合，重熔区内镁基体在超声作用下枝晶结构得到了抑制。以上结果分析表明，超声并没有改变涂层的相组成，但是改变了微弧氧化涂层的生长取向，并且抑制了界面处基体的重熔区内的枝晶生长。

4.6.2　高分辨透射电镜分析

　　图 4-19 为利用超声微弧氧化涂层的高分辨透射电镜照片，对不同微区进行观察得到的 HRTEM 高分辨图像。图 4-19（a）为未加入超声的微弧氧化涂层的高分辨图像，该区域内可见晶面间距为 0.34115nm 的（211）晶面

$Ca_3(PO_4)_2$存在。图4-19（b）为60W UMAO 涂层的高分辨图像，所选区域内可见晶面间距为0.21045nm 的（200）晶面 MgO 和晶面间距为0.2446nm 的（111）晶面 MgO，晶面间距为0.2208nm 的（229）晶面 $Ca_3(PO_4)_2$，晶面间距为0.13455nm 的（201）晶面 Mg。图4-19（c）和（d）为90W UMAO 涂层的高分辨图像，从选区图像可知，涂层中观察到了晶面间距为0.1209nm 的（222）晶面 MgO、0.1345nm 的（201）晶面 Mg、0.1545nm 的（123）晶面 $Mg_3(PO_4)_2$ 和0.1451nm 的（345）晶面 $Ca_3(PO_4)_2$，晶面间距为0.1499nm 的（220）晶面 MgO、0.1589nm 的（123）晶面 $Mg_3(PO_4)_2$、0.2781nm 的（100）晶面 Mg 和0.1471nm 的（103）晶面 Mg。

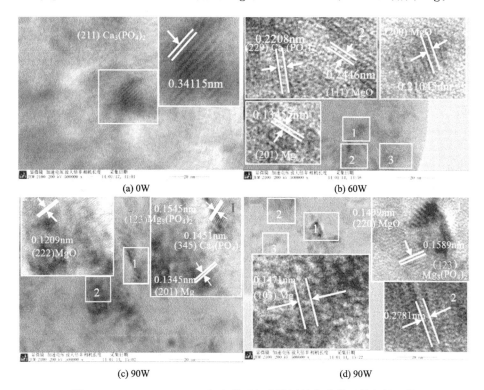

图4-19 0W、60W、90W 超声微弧氧化涂层的高分辨透射电镜图像

图4-20（a）、（b）为120W UMAO 涂层的高分辨透射电镜图像，选区内可见晶面间距分别为0.1835nm 和0.1456nm 的（0120）晶面 $Ca_3(PO_4)_3$ 和（345）晶面 $Ca_3(PO_4)_2$，晶面间距为0.21065nm 的（200）晶面 MgO 和0.1225nm 的（222）MgO，晶面间距为0.3316nm 的（345）晶面 $Ca_3(PO_4)_2$。图4-20（c）、（d）为150W UMAO 涂层的高分辨透射电镜图像，

选区内可见晶面间距为 0.1544nm 的（723）晶面 $Mg_3（PO_4）_2$、0.1325nm 的
（233）晶面 $Mg_3（PO_4）_2$、0.1191nm 的（352）晶面 $Mg_3（PO_4）_2$ 以及
0.1171nm 的（541）晶面 $Mg_3（PO_4）_2$，晶面间距为 0.1221nm 的（222）晶
面 MgO。图 4-20（e）、（f）为 180W UMAO 涂层的高分辨透射电镜图像，选
区内可见晶面间距为 0.24535nm 的（111）晶面 MgO、0.11495nm 的（134）
晶面 $Mg_3（PO_4）_2$、0.1192nm 的（352）晶面 $Mg_3（PO_4）_2$、0.34115nm 的
（211）晶面 $Ca_3（PO_4）_2$。由不同超声功率的微弧氧化涂层的 HRTEM 图像分
析可知，镁基体的（103）、（201）、（100）、（204）晶面被观察到。涂层中形成
的 MgO 相，其主要晶面为（111）、（222）、（200）和（220）。由 60W 和 90W

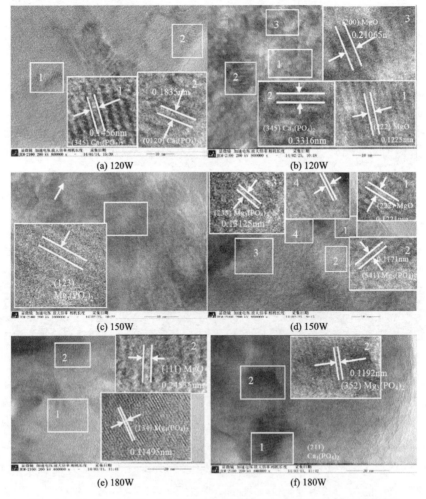

图 4-20　120W、150W、180W 超声微弧氧化涂层的高分辨透射电镜图像

图像分析可知，MgO 相与基体 Mg 相之间紧密相连，同时涂层中还检测到了不同晶面生长的 $Ca_3(PO_4)_2$ 和 $Mg_3(PO_4)_2$ 相。

4.6.3 红外光谱分析

图 4-21 为不同超声功率下微弧氧化涂层的 FTIR 图谱。图 4-21（a）为涂层的全谱，图 4-21（b）、（c）分别为 $1350\sim1700cm^{-1}$、$2700\sim3100cm^{-1}$ 的放大图。从图 4-21（a）中可以知道 PO_4^{3-} 存在于涂层中，对应的吸收峰位置为 $580cm^{-1}$ 和 $1052cm^{-1}$。$3440cm^{-1}$ 和 $1624cm^{-1}$ 位置出现了 OH^-，该峰为涂层中 H_2O 的吸收峰。图 4-21（b）和图 4-21（c）分别为全谱中 1 和 2 位置的放大图，可知在 $1389cm^{-1}$、$1460cm^{-1}$、$2850\sim2970cm^{-1}$ 范围内对应的是 C—H 甲基的特征吸收谱带，主要来源于电解液中的丙三醇$[(OH)CH_2(OH)CH(OH)CH_2]$。

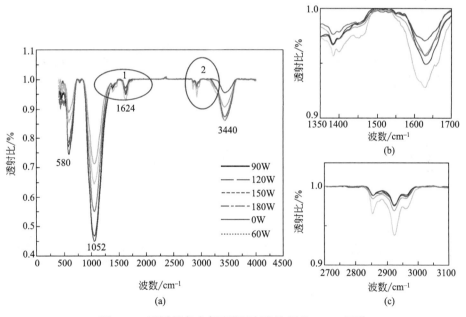

图 4-21 不同超声功率下微弧氧化涂层的 FTIR 图谱

由于该涂层为微弧氧化涂层，因此理论上该涂层中应该含有 MgO 相，对应的 FTIR 图谱中应该出现 Mg-O 吸收峰。因此对全谱 $400\sim450cm^{-1}$ 位置处存在多个峰，可以推知该范围内应该对应的是 MgO 官能团。结合对涂层的相分析以及能谱分析可知，涂层中含有 PO_4^{3-} 基团和 MgO 相。

4.0.4 能谱分析

对各组涂层的截面进行能谱线扫描分析，结果见图 4-22，表面钙磷比值与超声功率的关系见表 4-1。从各组的线扫描照片可知涂层中富含钙、磷和氧

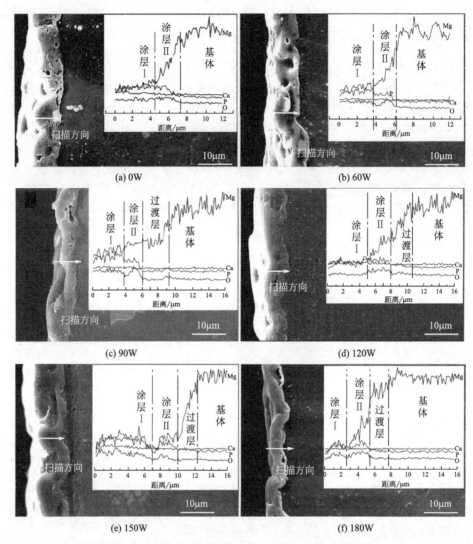

图 4-22 超声微弧氧化涂层断面能谱线扫描分析结果

元素，同时超声引入后涂层与基体之间出现了过渡区域。沿着扫描方向，即从涂层的外层到基体方向，镁含量呈梯度增加。超声功率为 0W 和 60W 涂层中，涂层Ⅰ区中钙、磷元素含量较高，进入涂层Ⅱ区钙、磷元素含量稍有减少，但是氧元素含量增加，直接由涂层区进入基体区。然而超声功率增加到 90～180W 时，涂层与基体之间形成了一个过渡层，在该区内镁元素含量逐渐增加，随后扫描完全进入基体区内，过渡区域说明超声增加了镁合金中镁离子的活化能力。当超声功率增加到 120W 后，涂层Ⅱ区中磷和氧含量较Ⅰ区有所增加。对各组涂层试样的表面进行能谱分析表明，超声使涂层钙磷比由 0.252 增加至 0.399，涂层中钙、磷含量增加。

表 4-1　超声微弧氧化涂层表面钙磷比

超声功率/W	元素含量（原子分数）/%		Ca/P
	Ca	P	
0	3.96	15.73	0.252
60	7.03	18.52	0.380
90	7.40	18.54	0.399
120	6.21	17.80	0.349
150	6.33	19.10	0.331
180	6.51	18.47	0.352

4.7　超声微弧氧化 Ca-P 涂层的形成机制

　　镁合金微弧氧化过程中，在含有钙磷系的电解液条件下，主相 MgO 中引入了少量的 $Ca_3(PO_4)_2$，钙磷涂层能够增加涂层的生物活性以及超声作用下的微弧氧化过程中形成的涂层中 $Ca_3(PO_4)_2$ 的含量。图 4-23 为微弧氧化过程中 $Ca_3(PO_4)_2$ 涂层形成过程示意图。微弧氧化所用的电解液为 CaH_2PO_4 与 NaOH 溶液，当两者中 NaOH 过量时发生化学反应见式（4-7）：

$$3Ca^{2+}+6H_2PO_4^{2-}+12OH^-\longrightarrow Ca_3(PO_4)_2+12H_2O+4PO_4^{3-} \quad (4-7)$$

　　在碱性环境下生成的 $Ca_3(PO_4)_2$ 为胶体溶液，而且带负电。当在微弧氧

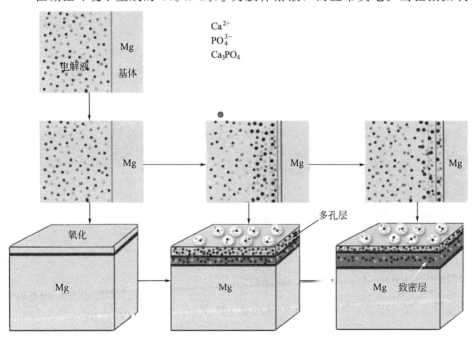

图 4-23　微弧氧化过程中 $Ca_3(PO_4)_2$ 涂层形成过程示意图

化过程中阴极和阳极间通电后,在电场力的作用下发生电泳现象,在电泳力的作用下 $Ca_3(PO_4)_2$ 分散进入阳极的微弧氧化涂层中。超声作用下,溶液获得的能量增加,从而提高溶液的温度,温度升高使得胶体颗粒在碰撞时容易结合成大的溶胶颗粒,当阳极在微弧氧化过程中形成熔融通道时,溶胶颗粒进入熔融通道内部,从而使得 $Ca_3(PO_4)_2$ 被引入涂层微孔内部。相比于没有超声作用时,在超声机械传输的作用下,$Ca_3(PO_4)_2$ 颗粒进入涂层中的概率增加,因而导致涂层中钙磷比有不同程度的增加。

同时溶液中的 PO_4^{3-} 与阳极释放的 Mg^{2+} 发生化学反应见式(4-8):

$$3Mg^{2+} + 2PO_4^{3-} \longrightarrow Mg_3(PO_4)_2 \tag{4-8}$$

所以涂层中出现了 $Ca_3(PO_4)_2$ 和 $Mg_3(PO_4)_2$ 相,其中 $Ca_3(PO_4)_2$ 相是通过电泳的方式进入涂层中的,而 $Mg_3(PO_4)_2$ 是通过阳极化学反应而生成的。

由 AFM 分析可知晶体在生长过程中由于生长速度的不同而使得形貌产生差异。从热力学角度分析考虑如果超声作用于微弧氧化体系中,该体系将会产生一定的能量,该能量作为微弧氧化体系的外加热力学驱动力,微弧放电过程中形成了熔融的氧化物,在熔融氧化物凝固的过程中外加热力学驱动力为晶体快速生长提供了动力。

4.8 电化学沉积涂层形貌及组成

超声微弧氧化涂层主相为 MgO,同时涂层中钙、磷活性物质的含量较微弧氧化层中的有所增加,涂层的钙磷比由 0.252 增加至 0.399。为了进一步增加惰性氧化镁层的生物活性,对微弧氧化镁合金进行后处理,在多孔层表面制备钙、磷含量较高的涂层。微弧氧化镁合金经过电沉积后处理的涂层表面形貌及能谱分析见图 4-24。能谱分析表明涂层的主要成分除钙、磷、氧元素外,

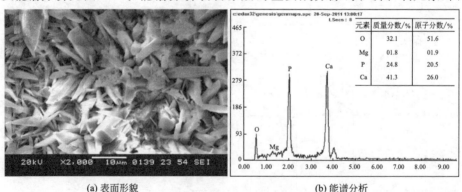

(a) 表面形貌   (b) 能谱分析

图 4-24 电化学沉积涂层的表面形貌及能谱分析

仅检测到少量的镁，说明电化学沉积涂层有效封闭了微弧氧化涂层，而且涂层中的钙磷比接近于 1。图 4-25 为电化学沉积涂层的 FTIR 图谱，在 $3544cm^{-1}$、$3490cm^{-1}$、$603cm^{-1}$、$526cm^{-1}$ 和 $575cm^{-1}$ 位置出现了 PO_4^{3-} 吸收峰，$1649cm^{-1}$ 对应着 H_2O 吸收峰，$1217cm^{-1}$、$874cm^{-1}$ 对应着 HPO_4^{3-} 吸收峰。图 4-26 为微弧氧化镁合金表面电沉积涂层的相组成，结果表明涂层完全是二水合磷酸氢钙。因此，结合 EDS、FTIR 和 XRD 分析，电化学沉积涂层主要为二水合磷酸氢钙。

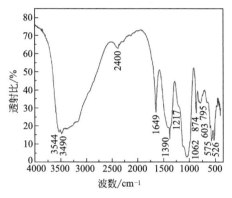

图 4-25　电化学沉积涂层的 FTIR 图谱　　　图 4-26　电化学沉积涂层的相组成

4.9　超声微弧氧化涂层的力学性能

4.9.1　涂层结合力

利用划痕法测定涂层与基体之间的结合力，L 值为涂层发生失效的临界加载距离，由于加载距离与加载载荷呈线性关系，利用光学显微镜获得涂层的失效时划痕长度计算出对应的失效的临界载荷。当涂层最初发生开裂时的距离记为 L_1，此时定义为第一阶段的失效。当涂层开裂时进入扩展期时，对应的临界加载距离为 L_2，涂层进入第二阶段的失效。当开裂的涂层完全与基体剥离时，对应的距离为 L_3，涂层进入第三阶段的完全失效。表 4-2 为涂层发生失效时的临界载荷和划痕长度。

表 4-2　涂层发生失效时的临界载荷和划痕长度

试样	L_1		L_2		L_3	
	临界载荷/N	划痕长度/mm	临界载荷/N	划痕长度/mm	临界载荷/N	划痕长度/mm
0W	16.4	1.64	24	2.4	28	2.8
60W	—	—	24	2.4	28	3.0
90W	—	—	27	2.7	28	2.8
120W	28	2.8	—	—	—	—
150W	22	2.2	28	2.8	29	2.9
180W	—	—	28	2.8	—	—

图 4-27 0W 和 60W 超声微弧氧化涂层的划痕形貌及失效距离。图4-27 （a)为

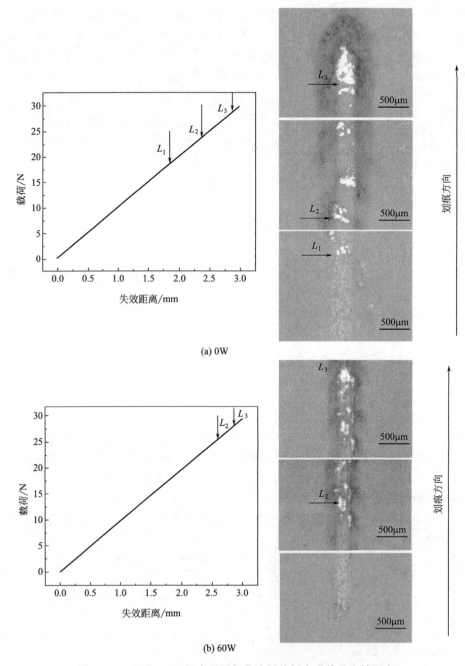

(a) 0W

(b) 60W

图 4-27　0W 和 60W 超声微弧氧化涂层的划痕形貌及失效距离

没有加入超声的微弧氧化涂层，当载荷达到 16.4N 时，涂层发生了第一阶段的失效；载荷增加到 24N 时，涂层发开裂扩展；最终载荷达到 28N 时，涂层完全失效并与基体剥离。当超声功率为 60W 时，涂层失效的第一阶段与第二阶段重合[见图 4-27(b)]，即涂层直接在载荷达到 24N 时，涂层发生了开裂的扩展；载荷增加到 28N 时，涂层完全失效并与基体剥离。

图 4-28 为 90W 和 120W 超声微弧氧化涂层的划痕形貌及失效距离。当超声功率达到 90W 时，涂层的失效方式与 60W 时的相似，当载荷达到 27N 时

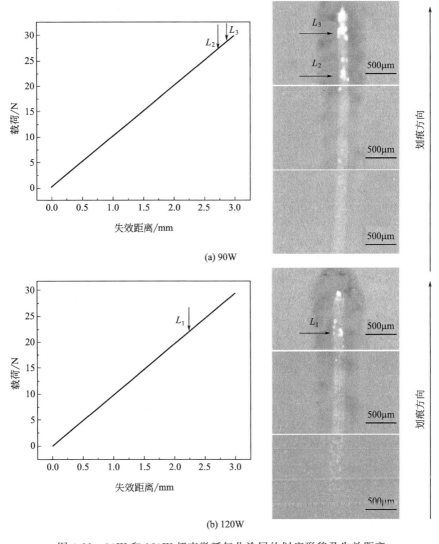

图 4-28　90W 和 120W 超声微弧氧化涂层的划痕形貌及失效距离

直接进入第二阶段的开裂扩展失效［见图 4-28（a）］。当超声功率为 120W 时，超声微弧氧化涂层的划痕形貌结果显示该涂层与基体的结合力显著增加，划痕上仅发生了第一阶段的失效，而且对应的加载载荷为 28N［见图 4-28（b）］。

　　图 4-29 为 150W 和 180W 超声微弧氧化涂层的划痕形貌及失效距离。当超声功率为 150W 时，涂层在加载载荷为 22N 时发生了局部失效，继续增加

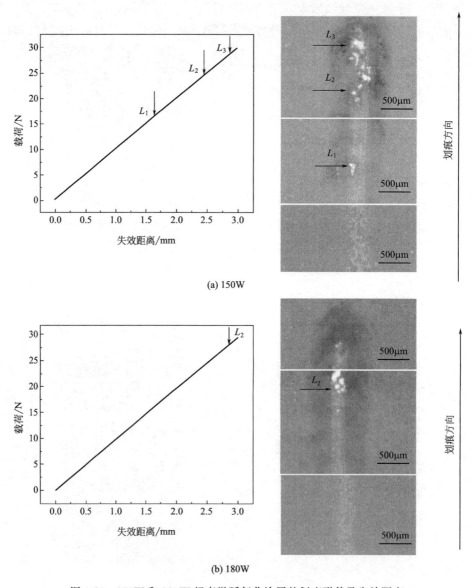

(a) 150W

(b) 180W

图 4-29　150W 和 180W 超声微弧氧化涂层的划痕形貌及失效距离

载荷到28N时开始进入第二阶段的失效，载荷增加到29N时涂层完全与基体剥离[见图4-29(a)]。当超声功率增加到180W时，涂层的结合力明显增加，在载荷为28N时仅发生了第二阶段失效，且涂层最终没有完全失效[见图4-29(b)]。以上结果表明超声有效地提高了涂层与基体之间的结合力。

超声延缓了涂层与基体之间发生失效的时间，即增加了涂层与基体之间的结合强度。当超声功率较低即为60W和90W时，涂层并没有发生第一阶段的失效，而是直接进入了第二和第三阶段失效。当超声功率为120W时，涂层与基体之间的结合力最好，仅发生了第一阶段的失效，此时外加载荷已经大于了28N。超声功率为150W和180W的涂层与基体结合情况与低功率涂层相似，但是其最终失效载荷增加。

4.9.2 涂层摩擦磨损性能

4.9.2.1 涂层的摩擦系数

图4-30为超声微弧氧化涂层3000s内的摩擦磨损测试过程中的摩擦因数。

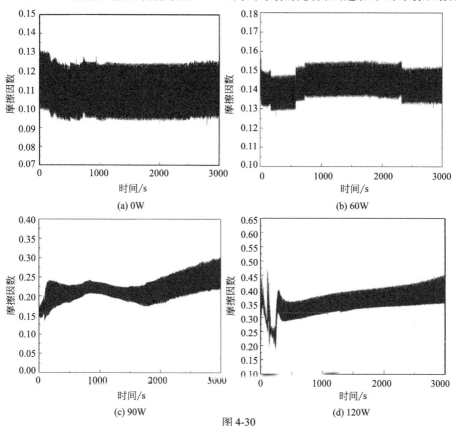

图 4-30

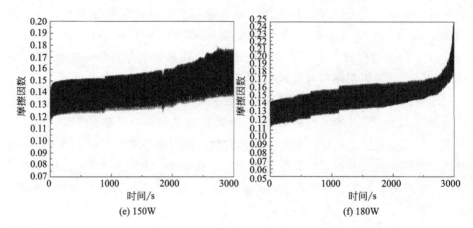

图 4-30　超声微弧氧化涂层 3000s 内的摩擦磨损测试过程中的摩擦因数

没有加入超声的 MAO 涂层的摩擦因数最小，为 0.095～0.13，在整个磨损过程中摩擦因数均保持在一个恒定范围内。加入超声后涂层的表面粗糙度 Ra 增加，形成孔的尺寸增加，引起了摩擦因数的改变。表面粗糙度 Rz 增加导致了摩擦副滑移阻力增加，因而增加了摩擦因数。

　　当超声功率为 60W 时，涂层的摩擦因数 μ 在 0.13～0.155 范围内波动，而且摩擦过程中摩擦因数分为三个阶段的变化：经过 200s 摩擦后摩擦因数稍有降低，200～700s 时间范围内保持在 0.13～0.145；随后 700～2200s 内摩擦因数在 0.135～0.155 范围内波动；2200～3000s 内保持在 0.13～0.15。当超声功率为 90W 时，涂层的摩擦因数分为三个阶段的变化：0～900s 内摩擦因数发生起伏变化；900～1800s 内摩擦因数有所回落；1800～3000s 内摩擦因数基本保持线性增加，最大值达到 0.3。当超声功率为 120W 时，摩擦因数增加明显，并且在最初 300s 内摩擦因数波动范围较大，在随后的摩擦中摩擦因数基本保持着缓慢的线性增加，并在 0.25～0.45 范围内变化。当超声功率为 150W 和 180W 时，涂层的摩擦因数大小与 0W 和 60W 涂层的相接近，但是随着磨损时间的延长，摩擦因数呈现增加的趋势。

　　与没有加入超声作用的微弧氧化涂层的摩擦因数相比，超声微弧氧化涂层的摩擦因数在磨损过程中发生了波动，其主要是由于涂层表面粗糙度 Ra 和 Rz 的改变造成的。小功率 60W 涂层的摩擦因数波动较小；而 90W 和 120W 涂层由于表面多孔层的 Rz 的增加，涂层在最初的磨损阶段表现出摩擦因数波动较大，随着摩擦时间的延长，磨损进入了较稳定的中后期；150W 和 180W 涂层的摩擦因数虽然呈现缓慢上升趋势，但是其摩擦因数与 0W 和 60W 涂层的摩擦因数大小相接近。

4.9.2.2　涂层的摩擦磨损

图 4-31 为镁合金基体材料及微弧氧化涂层的磨损形貌。图 4-31 （a） 为镁

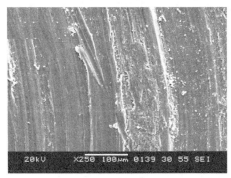 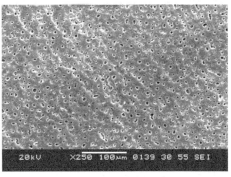

(a) 镁合金基体材料的磨损形貌　　　　　　　　(b) 微弧氧化涂层的磨损形貌

图 4-31　镁合金基体材料及微弧氧化涂层的磨损形貌

合金基体材料的磨损形貌，基体的磨损严重，形成了宽而深的磨痕。其主要原因是 SiC 对磨球的硬度高于镁合金，在其摩擦的轨迹上基体材料发生了塑性变形，磨损时生成了少量的颗粒，其磨损机制以黏着磨损为主，伴有少量的颗粒磨损形式。微弧氧化处理后，形成了表面多孔、内部致密的涂层，而且形成的涂层的硬度高于镁基体。因此，在摩擦过程中涂层降低了传递给基体的载荷而起到了承载作用。图 4-31 （b） 为微弧氧化涂层的磨损形貌。微弧氧化处理后材料的耐磨性明显提高。

图 4-32 （a） ～ （e） 分别为超声功率 60W、90W、120W、150W 和 180W 微弧氧化涂层磨损的表面形貌。超声的加入引起了 MAO 涂层的 Ra 的增加，在磨损测试过程中，试样与 SiC 陶瓷球之间的接触点较少，滑行只是发生在粗糙的凸出表面部位，降低了对磨球与涂层之间的黏附性而减少其黏着磨损。

图 4-32 （a） 为超声功率为 60W 的微弧氧化涂层磨损形貌，表面出现了深浅不同的划痕，并可见磨损颗粒和碎屑，同时可见部分凸出的涂层被磨平的形貌特征。超声功率为 90W 时，由于涂层的 Ra 增加，摩擦副与涂层的接触面减小，但是相比于超声功率为 60W 时涂层的 Rz 降低，因此凸出的部分较容易被磨平，生成的少量磨屑进入微孔中而成为摩擦过程中的润滑剂，其磨损形貌见图 4-32 （b）。超声功率达到 120W 时，磨损形貌见图 4-32 （c），涂层的 Ra 达到最大值，Rz 也达到最大，因此磨损形成了犁沟特征形貌并可见少量

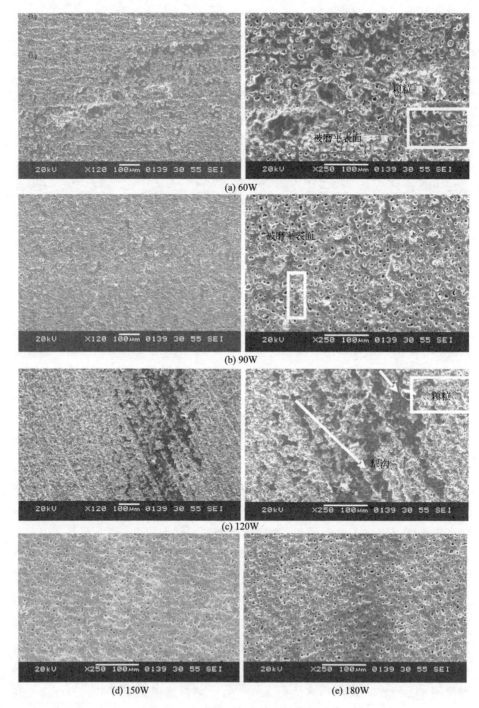

图 4-32　超声微弧氧化涂层的磨损形貌

的碎屑生成。但是磨损只发生在多孔的表层上，致密层并没有发生磨损，即整个过程中并没有见到涂层的剥离。图 4-32（d）和图 4-32（e）分别为 150W 和 180W 超声微弧氧化涂层的磨损形貌，其与未加入超声的微弧氧化涂层的相似。由于 150W 形成的涂层的 Ra 最小，Rz 与 0W 涂层的相接近，其表面的磨痕不明显。超声功率为 180W 时，相比于 0W 涂层的表面粗糙度 Ra 和 Rz 略有增加，可见磨损痕迹，但是并没有发生涂层的磨损破坏。

由磨损形貌图分析可知，由于超声改变了涂层的表面粗糙度，因而在涂层表面发生的磨损程度不同。较小的超声功率的 60W 和 90W UMAO 涂层，其表面多孔层容易被磨平，磨损过程中生成的磨屑成为后续磨损中的润滑剂，降低了涂层与摩擦副之间的摩擦阻力。超声功率增加到 120W 时，由于涂层的表面粗糙度达到最大值，特别是 Rz 的明显增加，磨损仅仅发生在表层而形成了犁沟特征形貌，磨损过程中可见少量的磨损颗粒生成。超声功率为 150W 和 180W 的涂层，其磨损形式与没有加入超声作用的微弧氧化涂层相似，表面并没有发生明显的改变。

4.9.3 超声对涂层结合力与摩擦性的影响

超声对于涂层与基体之间结合力和摩擦性的作用主要有以下三点原因：①超声改变涂层表层及致密层结构；②超声增加了微弧周期放电击穿点数量，增加了涂层与基体之间的冶金结合点；③超声抑制了涂层/基体界面处重熔镁合金的枝晶生长。

4.9.3.1 超声对涂层结合力的影响

微弧氧化涂层的表层质量是决定涂层是否发生开裂的关键。当外力作用在表层中时，对于微弧氧化涂层中表层裂纹数量较多，裂纹缺陷位置处首先发生破裂，成为裂纹发生失效的根源，随着外力的增加，裂纹将发生扩展直至脱离基体发生完全失效。超声引入到微弧氧化过程中时，涂层中的残余应力得到了很好的释放，裂纹数量明显减少，外力作用下涂层发生破裂的概率降低，因而增加了涂层发生失效的载荷。随着载荷的增加，当多孔层完全破裂时，涂层将进入第二阶段的失效，即进入裂纹扩展时期，此时致密层的保护作用起到决定性作用，超声使得微弧氧化层的致密层厚度增加，有效地降低了基体材料的承载能力，使得基体与界面处承载力相对降低，因而增加了涂层发生失效时的载荷。超声使得微弧氧化过程中微弧周期放电击穿点增加，进而增加了涂层与基体之间的冶金结合点。微弧氧化过程中，微弧放电高温作用使得熔融的镁合金基体一部分进入放电通道内部与电解液成分发生反应，没有发生反应的熔融镁发生了再结晶，超声的扰动作用使得形成的晶体中枝晶生长得到了很好的抑制，涂层与基体界面处的基体致密性增加，涂层发生完全剥离时的载荷增加。超声提高了基体与涂层之间的冶金结合能力。超声功率为 120W 时，涂层的结合力最好，涂层仅发生了第一阶段的开裂失效，对应的失效载荷为 28N。

4.9.3.2　超声对涂层摩擦因数的影响

材料的表面层结构、表面缺陷和表面形貌等对其磨损特性产生重要的影响。图 4-33 和图 4-34 分别为镁合金基体经过微弧氧化和超声微弧氧化处理后表面微观结构示意图和磨损过程示意图。

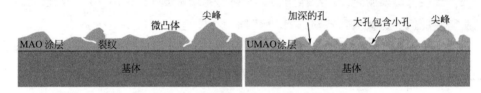

图 4-33　涂层表面微观结构示意图

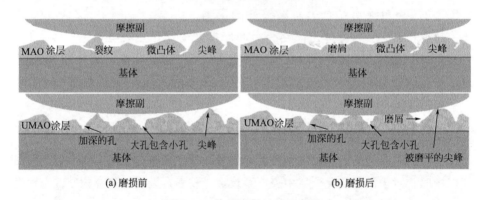

(a) 磨损前　　　　　　　　　　(b) 磨损后

图 4-34　涂层磨损过程示意图

经过微弧氧化处理后，基体表面形成了多孔结构并伴有较多裂纹的涂层，微孔位置为裂纹源，镁合金表面形成了高低不平的尖峰和凹谷的微凸体。超声作用下微弧放电在同一位置反复击穿的概率增加，使得小孔与小孔相互联合形成了大孔，大孔内包含小孔的表层结构，该结构增加了涂层的表面粗糙度，形成的微凸体尖峰高度和凹谷深度均增加，同时涂层中应力得到很好的释放而使得裂纹数量明显减少。

球形 SiC 摩擦副与材料表面接触发生磨损过程中，当摩擦副作用在微孔上时，微弧氧化涂层中形成的孔的深度和涂层的表面粗糙度较小，摩擦副前行过程产生的阻力较小，涂层中裂纹缺陷数量较多，所以在磨损过程中涂层中裂纹缺陷位置处的涂层容易剥落，剥落下来的磨屑进入微孔中，成为摩擦过程中的润滑剂，因而微弧氧化涂层的摩擦因数较小。超声微弧氧化涂层所形成的尖峰高度和凹谷深度均增加，摩擦副滑行阻力增加，同时涂层中缺陷数量减少，涂层剥落的倾向降低，被剥离的磨屑进入较深的微孔中，在后续的磨损过程中并未起到润滑的作用，因而超声微弧氧化涂层的摩擦因数大于超声微弧氧化摩擦因数。超声微弧氧化涂层的摩擦因数高于微弧氧化涂层的摩擦因数，120W 超声微弧氧化涂层的摩擦因数最高，达到 0.45，但是其磨损仅发生在多孔的表层。

4.10　本章小结

由于超声空化效应的作用，微弧氧化过程中微弧放电规律发生改变、体系能量增加、可动载流子运动增强，涂层表面及生长方式等发生了改变，其表现如下：

（1）超声作用下，形成的涂层表面微孔数量减少，孔的尺寸增加，最大孔径由 $3.0\mu m$ 增加至 $8.6\mu m$。电弧的反复击穿增加了微孔的深度，形成了大孔包含小孔、小孔与小孔互相联合的形貌，该形貌减少了表面裂纹数量，增加了涂层的表面粗糙度，Ra 由 $0.288\mu m$ 增加至 $0.314\mu m$，Rz 由 $2.264\mu m$ 增加至 $2.878\mu m$。

（2）超声空化效应作用使涂层的致密层厚度增加，机械作用使涂层的表面层厚度降低，涂层总厚度由 $12.7\mu m$ 减小到 $9.2\mu m$。超声有效地抑制了重熔金属凝固的枝晶生长，使得枝晶区约由 $15\mu m$ 降至 $3\mu m$，有利于增强致密层与基体之间的冶金结合性。

（3）超声影响涂层的粒子生长方式。随着功率增加，纳米颗粒聚集垂直于基体面长大，岛状粒子结合堆积生长，使得棒状结构转变为板条状结构，粒子之间保持层层堆积生长关系。涂层主要由 (111)、(222)、(200)、(220) 晶面的 MgO 和不同晶面的 $Ca_3(PO_4)_2$、$Mg_3(PO_4)_2$ 组成。

（4）超声使涂层钙磷比由 0.252 增加至 0.399，涂层中钙、磷含量增加。涂层中的 $Ca_3(PO_4)_2$ 主要以颗粒的形式进入微弧氧化放电通道内部，而 $Mg_3(PO_4)_2$ 则是 Mg^{2+} 和电解液发生化学反应而原位生成的。

（5）超声微弧氧化涂层的电化学沉积后处理涂层相组成为二水合磷酸氢

钙，涂层中的钙磷比接近于 1，该涂层有效地对微弧氧化涂层微孔进行了封闭。

（6）超声提高了基体与涂层之间的冶金结合能力。当超声功率为 120W 时，涂层的结合力最好，涂层仅发生了第一阶段的开裂失效，对应的失效载荷为 28N。

（7）超声微弧氧化涂层的摩擦因数高于微弧氧化涂层，120W 超声微弧氧化涂层的摩擦因数最高，达到 0.45，但是其磨损仅发生在多孔的表层。

◆ 参考文献 ◆

[1] Seyfoori A，Mirdamadi S，Khavandi A，et al. Biodegradation behavior of micro-arc oxidized AZ31 magnesium alloys formed in two different electrolytes [J]. Applied Surface Science，2012，261：92-100.

[2] Kung K C，Yuan K，Lee T M，et al. Effect of heat treatment on microstructures and mechanical behavior of porous Sr-Ca-P coatings on titanium [J]. Journal of Alloys and Compounds，2012，515：68-73.

[3] Lin X，Tan L L，Wan P，et al. Characterization of micro-arc oxidation coating post-treated byhydrofluoric acid on biodegradable ZK60 magnesium alloy [J]. Surface and Coatings Technology，2013，232：899-905.

[4] 王文礼，陈宏，王快社. AZ91D 镁合金在不同溶液中微弧氧化膜层的形成特性及微观形貌分析 [J]. 铸造技术，2010，31 (8)：1072-1075.

[5] Salih D，Metin U. Characterization and mechanical properties of coatings on magnesium by micro arc oxidation [J]. Applied Surface Science，2012，261：774-782.

[6] Chirta G，Stefanescu I，Soares D，et al. Influence of vibration on the solidification behaviour and tensile properties of an Al-18wt.％Si alloy [J]. Materials and Design，2009，30 (5)：1575-1580.

[7] Ji H J，Wang Q，Li M Y，et al. Effects of ultrasonic irradiation and cooling rate on the solidiflcation microstructure of Sn-3.0Ag-0.5Cu alloy [J]. Journal of Materials Processing Technology，2014，214：13-20.

第 5 章

镁合金超声微弧氧化涂层体外腐蚀性能

5.1 引言

生物医学材料在临床应用前，需要对它的各项性能进行测试，这些测试通常是在动物活体和模拟体液及生理盐水中进行的。生物活体实验一般需要一定的前期研究，来确保其安全性。因此，对生物医学材料的研究大都在模拟体液和生理盐水中进行。镁合金具有较低的耐蚀性能，特别是在含有 Cl^- 的腐蚀介质中，如人体血浆等生理环境，因而容易发生电偶腐蚀或者点蚀。对生物医用镁合金在模拟体液、生理盐水等生理环境液中的耐蚀性能评价尤为重要。改善耐蚀性能是镁及其合金的微弧氧化表面处理的关键。对于生物可降解镁合金表面改性的目的是保证材料发生稳定的降解。

本章对超声微弧氧化涂层镁合金、微弧氧化-电化学沉积镁合金腐蚀性能进行研究。利用电化学腐蚀方法研究超声功率对微弧氧化处理镁合金在模拟体液和生理盐水中电化学腐蚀的影响。同时采用析氢腐蚀方法测定微弧氧化镁合金、超声微弧氧化镁合金以及电化学沉积复合镁合金涂层在无缓冲剂模拟体液和含有缓冲剂的模拟体液中的腐蚀速率。通过在模拟体液和生理盐水中的腐蚀行为的研究，确定适合于体内种植微弧氧化处理、超声微弧氧化处理的镁合金，进而评价 Ca、P 生物活性涂层和超声对微弧氧化涂层在体内成骨方面的作用机理。

5.2 试验材料及方法

5.2.1 体外腐蚀所用材料及装置

利用析氢腐蚀试验测定超声微弧氧化镁合金在模拟体液中的腐蚀速率，收集 H_2 装置示意图见图 5-1，所用的试剂见表 5-1。

表 5-1 化学试剂、规格及厂家

试剂	用量	规格	厂家
NaCl	7.996g/L	分析纯	天津市瑞金特化学品有限公司
$NaHCO_3$	0.35g/L	分析纯	天津市凯通化学试剂有限公司
KCl	0.224g/L	分析纯	天津市凯通化学试剂有限公司
$K_2HPO_4 \cdot 3H_2O$	0.228g/L	分析纯	天津市凯通化学试剂有限公司
$MgCl_2 \cdot 6H_2O$	0.305g/L	分析纯	天津市凯通化学试剂有限公司
$CaCl_2$	0.278g/L	分析纯	天津市瑞金特化学品有限公司
Na_2SO_4	0.071g/L	分析纯	天津市瑞金特化学品有限公司
$C_4H_{11}O_3N$	6.057g	分析纯	天津市瑞金特化学品有限公司
HCl(1mol/L)	40mL	分析纯	天津市瑞金特化学品有限公司

对镁合金的耐蚀性能的评价采用了两种模拟体液进行研究。一种是将表

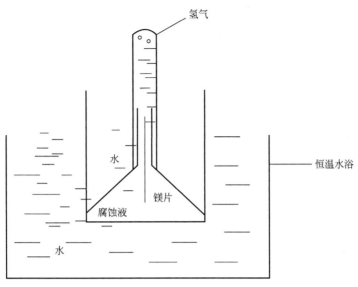

图 5-1　收集 H_2 装置示意图

5-1 中的试剂依次溶解于 1L 去离子水中，边溶解边搅拌，然后在 37℃ 生理温度下用盐酸 1mol/L 和三羟甲基氨基甲烷（$C_4H_{11}O_3N$）将溶液缓冲至 pH＝7.4，与人体体液的 pH 值相符，该模拟体液称为含有缓冲剂的模拟体液，记为 1 号腐蚀液。不同表面处理的镁合金试样在 1 号腐蚀液中连续浸泡 21d，不更换模拟体液。另外一种模拟体液是将表 5-1 中的试剂除去盐酸（1mol/L）和三羟甲基氨基甲烷（$C_4H_{11}O_3N$），配置溶液为 1L，利用盐酸及氢氧化钠调节溶液 pH 值至 7.4，称其为无缓冲剂的模拟体液，记为 2 号腐蚀液，进行浸泡试验时每天更换一次模拟体液。将两种模拟体液均盛放于 50mL 的广口瓶内，放于 37℃ 恒温水浴中，每隔 24h 收集试样释放出来的 H_2。

5.2.2　动物体内种植所用材料及仪器

动物体内种植所用仪器见表 5-2，所用的医药用品见表 5-3。

表 5-2　动物体内种植所用仪器

仪器	厂家
牙科低速手钻	佳木斯大学医学实验室
MP120-2 型电子分析天平	上海精密科学仪器有限公司
PHSJ-4A 型实验室 pH 计	上海精密科学仪器有限公司
YL-3A 回转式切片机	上海仪表厂
HI1220 摊片机	上海徕卡仪器有限公司

续表

仪器	厂家
隔水式电热恒温培养箱	上海跃进医疗器械厂
SHH·W21·CR600 恒温水浴	北京长安科学仪器厂
80-2 离心机	上海手术仪器厂
78-1A 磁力加热搅拌器	杭州仪表电机厂
BCD-220 冰箱	青岛电冰箱总厂
HY-4 调速振荡器	江苏省金坛市荣华仪器制造有限公司
SZ-97A 蒸馏水器	上海精密仪器仪表有限公司

表 5-3　动物体内种植所用医药用品

医药用品	规格	厂家
戊巴比妥钠	药品	北京普博斯生物科技有限公司
庆大霉素注射液	药品	东北药业公司
SABC 免疫组化试剂盒	用品	武汉博士德生物工程有限公司
多聚赖氨酸病理载玻片	用品	武汉博士德生物工程有限公司
DAB 显色试剂盒	用品	武汉博士德生物工程有限公司
氢氧化钠	分析纯	天津市瑞金特化学品有限公司
多聚甲醛	分析纯	天津市光复精细化工研究所
乙二胺四乙酸	分析纯	天津蓝京沃德科技有限公司

5.2.3　体外腐蚀性能测试

利用 CHI660C 电位仪测定各种表面处理的镁合金在 37℃ 模拟体液中的腐蚀平衡电位、腐蚀电流密度和线性极化电阻，其电位扫描速率为 0.01mV/s，扫描范围为 −2.5～1V，利用 Princeton IM6e 400 电化学工作站测定超声微弧氧化镁合金的电化学阻抗谱，其工作参数为扫描频率为 $10^{-1}～10^4 Hz$，参比电极为 KCl 电极，辅助电极为铂电极。

采用上海中晨数字技术设备有限公司生产的 JC200C1 型接触角测量仪测定涂层的润湿角。

5.3　模拟体液中的电化学腐蚀

5.3.1　极化曲线

电化学腐蚀所用的腐蚀液为模拟体液，其配方见表 5-4。图 5-2 和图 5-3 分别为镁合金基体、不同超声功率下微弧氧化涂层进行极化曲线测定后的表面形貌。镁合金基体的腐蚀形貌，其低倍放大即可见清晰的腐蚀坑及腐蚀产物出现。

图 5-2　镁合金基体电化学腐蚀形貌

图 5-3（a）为未加入超声的微弧氧化处理镁合金试样的电化学腐蚀形貌，从其较高的放大倍数图片可以观察到腐蚀现象，微孔结构被破坏，整个涂层上发生了均匀腐蚀。当在微弧氧化过程中加入超声后，超声功率为 60W 时，其形貌见图 5-3（b），整体的多孔结构依然保持，但是观察到明显的腐蚀坑及腐蚀产物，发生了不均匀腐蚀。当超声功率增加 90～180W 时，涂层未观察到明显的腐蚀区，而且在超声功率为 180W 的微弧氧化试样上出现了针状的析出物，由此可以推断超声微弧氧化涂层具有较强的诱导活性功能。

各组试样的平衡腐蚀电位、腐蚀电流密度和线性极化电阻见表 5-4。镁合金基体的腐蚀电位为 $-1.583V$，腐蚀电流密度为 $2.529\times10^{-6}A/cm^2$，线性极化电阻为 $5.151\times10^4\Omega$。经过微弧氧化处理后试样的腐蚀电位提高到 $-0.485V$，腐蚀电流密度及线性极化电阻与镁合金在同一个数量级。超声微弧氧化处理后镁合金的腐蚀电流密度降低了 1～2 个数量级，线性极化电阻增加了 1 个数量级。

表 5-4　试样在模拟体液中的电化学腐蚀参数

试样	平衡腐蚀电位/V	腐蚀电流密度/(A/cm²)	线性极化电阻/Ω
镁合金基体	-1.583	2.529×10^{-6}	5.151×10^4
MAO	-0.485	4.161×10^{-6}	1.237×10^4
60W UMAO	-0.353	1.600×10^{-6}	3.143×10^4
90W UMAO	-0.544	4.229×10^{-7}	1.186×10^5
120W UMAO	0.790	8.903×10^{-8}	5.913×10^5
150W UMAO	-0.646	1.300×10^{-6}	3.910×10^4
180W UMAO	-0.618	5.178×10^{-7}	1.007×10^5

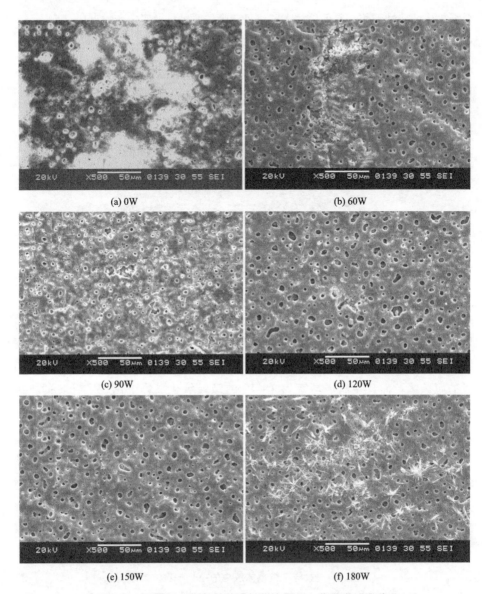

(a) 0W

(b) 60W

(c) 90W

(d) 120W

(e) 150W

(f) 180W

图 5-3　不同超声功率下微弧氧化涂层的电化学腐蚀形貌

5.3.2　电化学阻抗谱

　　对不同功率超声微弧氧化镁合金涂层进行电化学阻抗分析，测试环境为37℃模拟体液，模拟体液成分见表 5-1，对获得的阻抗图和相位角数据进行拟合。图 5-4 为 0W 和 60W 超声微弧氧化涂层在模拟体液中的电化学阻抗谱图（msd 表示测量值；cal 表示拟合值），其模拟等效电路见图 5-5。图 5-6 和图 5-

7 分别为 90～180W 超声微弧氧化涂层在模拟体液中的电化学阻抗谱图和等效电路图。拟合数据见表 5-5，其中 R_s 为溶液电阻；R_{ct} 为涂层与基体之间界面电荷转移电阻；C_{dl} 为涂层与基体之间的双层电容；R_f 为形成钝化膜电阻；R_c 和 C_c 分别为涂层的电阻和电容。

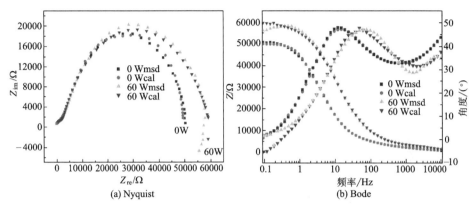

(a) Nyquist　　　　　　(b) Bode

图 5-4　0W 和 60W 超声微弧氧化涂层在模拟体液中的电化学阻抗谱图

0W 和 60W 超声微弧氧化涂层的 Niqusit 图表明超声微弧氧化涂层曲线中包含一个容抗弧和一个感抗弧。在腐蚀液与涂层接触初期，高频区 10000～100Hz 内相位角在 35°~50°范围之间，涂层的防护能力较差，腐蚀液直接通过涂层进入到涂层与基体的界面处；低频区 1～0.1Hz 范围内界面处形成了钝化膜，阻抗值保持不变。0W UMAO 涂层的 R_f 电阻为 $6.898×10^4 \Omega \cdot cm^2$，大于 60W UMAO 涂层中的 $8688\Omega \cdot cm^2$，并且两者相差一个数量级，说明涂层与基体之间形成了很厚的钝化膜。0W UMAO 涂层的 R_{ct} 为 $3.919×10^{11} \Omega \cdot cm^2$，高于 60W UMAO 涂层中的 $5.388×10^4 \Omega \cdot cm^2$，两者数值相差很大，说明在浸泡开始时 0W UMAO 涂层中形成的钝化膜有效地保护了基体，使得基体 Mg^{2+} 溶出速率降低，钝化膜主要是 MgO 层与腐蚀液发生反应而生成的。0W 和 60W UMAO 涂层拟合电路中的钝化膜电容 n 值均比较小，均接近于 0.5，其中 0W UMAO 涂层电容的 n 值小于 0.5，说明两者发生腐蚀过程中产生的弥散效应较强，而 0W UMAO 涂层的腐蚀更为严重，溶液形成腐蚀产物的堆积。

0W 和 60W 微弧氧化涂层的 Bode 图中低频区 1～0.1Hz 的频率范围内，相位角减小，对应的阻抗值保持不变，表明腐蚀过程中形成了钝化膜。涂层中钝化膜电感值 I 分别为 $3.612×10^5 H \cdot cm^3$ 和 $1.43×10^4 H \cdot cm^2$，说明 0W UMAO 涂层中形成的钝化膜较 60W UMAO 涂层厚，成膜速度快，在浸泡 0.5h 内涂层对基体的保护能力很弱，腐蚀液由多孔层和具有较多裂纹的中间层而进入了基体和涂层的界面,进而在界面处形成了较厚的钝化膜,同时由于多孔层的快速溶解形成的腐蚀产物阻碍了腐蚀液的进一步侵蚀,因而形成了阻抗较大的钝化膜,但是低频区的感抗弧表明此时该合金正处于孔蚀的诱导期。

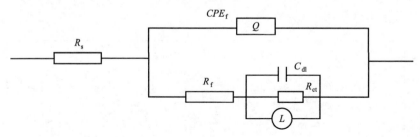

图 5-5   0W 和 60W 超声微弧氧化涂层在模拟体液中的 EIS 等效电路

图 5-6 中的 Nyquist 图表明,90~180W 功率范围的超声微弧氧化涂层的耐蚀能力较 0W 和 60W 增加了,钝化膜与基体界面电双层电容的 n 值介于 0.6~1 之间。90W 和 120W UMAO 涂层的高频区容抗弧直径明显大于 150W 和 180W 涂层的,Bode 图中高频区相位角在 350~600 范围内波动,而且对于 90W 和 120W 涂层其在 1000~100Hz 范围内相位角基本保持不变,说明涂层相当于一个电阻值很大、电容很小的隔绝层,防护能力较好,120W UNAO 涂层的保护作用最好,涂层电阻为 2612Ω·cm² 。在浸泡 0.5h 内,腐蚀液与涂层接触时,在高频区涂层阻挡腐蚀液的能力增强,此时在多孔层处形成了钝化膜,该钝化膜增加了对腐蚀液的阻挡能力。随着时间的延长,腐蚀液穿过新形成的钝化膜,使得钝化膜发生溶解,进而腐蚀液向涂层内层渗透,穿过多孔层和致密层逐渐到达基体,在低频区 1~0.1Hz 范围内,阻抗值保持不变,在涂层与基体的界面处形成了钝化膜。同时低频区的感抗弧表明,钝化膜与基体界面处正处于孔蚀诱导期。

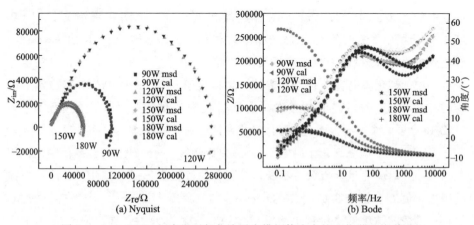

(a) Nyquist

(b) Bode

图 5-6   90~180W 超声微弧氧化涂层在模拟体液中的电化学阻抗谱图

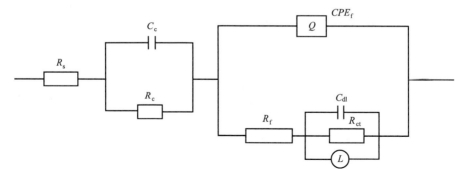

图 5-7　90～180W 超声微弧氧化涂层在模拟体液中的 EIS 等效电路图

表 5-5　超声微弧氧化镁合金涂层在模拟体液中 EIS 拟合数据

功率/W	R_s /$\Omega \cdot cm^2$	C_c /$F \cdot cm^2$	R_c /$\Omega \cdot cm^2$	Q /$F \cdot cm^2$	n	R_f /$\Omega \cdot cm^2$	C_{dl} /$F \cdot cm^2$	R_{ct} /$\Omega \cdot cm^2$	L /$H \cdot cm^2$
0	193.3	—	—	8.621×10^{-6}	0.4555	6.989×10^4	5.638×10^{-7}	3.919×10^{11}	3.612×10^5
60	549.4	—	—	1.155×10^{-6}	0.5877	8688	1.16×10^{-7}	5.388×10^4	1.434×10^4
90	452.3	1.244×10^{-8}	2207	4.241×10^{-7}	0.7089	3.561×10^4	9.918×10^{-8}	6.65×10^4	1.322×10^6
120	198.4	1.737×10^{-8}	2612	3.917×10^{-7}	0.7134	8.823×10^4	2.788×10^{-8}	1.923×10^5	3.158×10^5
150	265.6	2.397×10^{-8}	721.2	7.652×10^{-7}	0.6504	8061	3.336×10^{-7}	4.519×10^4	4.84×10^5
180	193.7	1.269×10^{-6}	658.4	4.018×10^{-7}	0.6447	9672	1.517×10^{-6}	5.083×10^4	2.182×10^5

　　图 5-8 为 120W 超声微弧氧化涂层在模拟体液中分别浸泡 2h、12h、24h、72h 和 120h 的阻抗图，其等效电路图见图 5-7，表 5-6 为 EIS 拟合数据。随着浸泡时间的延长，Nyquist 图中容抗弧直径逐渐减小，说明涂层的防护能力减弱。腐蚀液通过多孔层及致密层在基体与涂层界面形成了钝化膜。浸泡 2h 和 12h 时，涂层阻抗值反而大于 0.5h 时的，并且浸泡时间延长至 12h 时，涂层的阻抗值达到最大值，钝化膜与基体界面电双层电容 n 值为 0.2602，频率在 1000～10Hz 范围内时，Bode 图中出现一平台，对应阻抗值增加，说明在 12h 的浸泡时间内涂层与模拟体液发生反应生成了大量的腐蚀产物；低频 1～0.1Hz 范围内时，相位角减小，阻抗值也随着减小，基体与涂层界面处形成的钝化膜发生了快速溶解，钝化膜变薄，钝化膜电阻接近于 0。当浸泡时间达到 24h 时，涂层阻抗值明显减小，频率在 1000～10Hz 范围内时，Bode 图中出现一平台，对应阻抗值增加，但是增加程度减弱，说明形成的堆积腐蚀产物

已经发生了脱附，因此涂层电阻相比于 12h 的 $1.209 \times 10^5 \Omega \cdot cm^2$ 时减小为 $1230 \Omega \cdot cm^2$，腐蚀液通过腐蚀产物渗透到基体，界面处电荷转移电阻由 12h 的 $1.893 \times 10^5 \Omega \cdot cm^2$ 减小到 $1.067 \times 10^5 \Omega \cdot cm^2$，在界面处基体中 Mg^{2+} 离子开始溶出而形成新的钝化膜，因而钝化膜电阻增加。浸泡时间为 72h 时，Bode 图中在 $100 \sim 1Hz$ 频率范围内出现一平台，对应的电阻增加，但是增加程度较 12h 和 24h 时低，使得涂层电阻降低至 $839 \Omega \cdot cm^2$，基体界面处形成的钝化膜电阻较 24h 时减小，电感值降至 $13.59 H \cdot cm^2$，说明此时钝化膜发生了严重的溶解，即钝化膜生成速度小于其溶解速度。

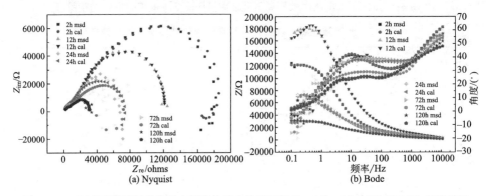

图 5-8　120W 超声微弧氧化涂层在模拟体液中分别浸泡 2h、12h、24h、72h 和 120h 的阻抗图

表 5-6　**120W 超声微弧氧化涂层在模拟体液中分别浸泡 2h、12h、24h、72h 和 120h 的 EIS 拟合数据**

浸泡时间/h	R_s /$\Omega \cdot cm^2$	C_c /$F \cdot cm^2$	R_c /$\Omega \cdot cm^2$	Q /$F \cdot cm^2$	n	R_f /$\Omega \cdot cm^2$	C_{dl} /$F \cdot cm^2$	R_{ct} /$\Omega \cdot cm^2$	L /$H \cdot cm^2$
2	131.2	1.33×10^{-8}	3776	4.241×10^{-7}	0.7134	3.561×10^4	9.918×10^{-8}	6.65×10^4	3.158×10^5
12	240.4	6.933×10^{-7}	1.209×10^5	1.272×10^{-5}	0.2602	0.01	7.350×10^{-9}	1.893×10^5	1907
24	0.0023	4.469×10^{-8}	1230	4.276×10^{-6}	0.5014	1.488×10^5	4.453×10^{-7}	1.067×10^5	1.783×10^5
72	0.0053	5.334×10^{-8}	839	3.213×10^{-6}	0.5168	3.212×10^4	3.749×10^{-7}	4.271×10^4	13.59
120	1×10^{-7}	1.926×10^{-8}	4058	4.776×10^{-6}	0.4659	1.305×10^5	1.606×10^{-5}	5.526×10^4	1.871×10^5

　　延长浸泡时间至 120h 时，其腐蚀行为与 12h 时相似，基体中 Mg^{2+} 开始进一步地溶出而形成了新的钝化膜。由浸泡 2h、12h、24h、72h 和 120h 的 Bode 曲线可知，随着浸泡时间的延长，涂层的防护能力下降，涂层的总阻抗值减

小，但是涂层的溶解、钝化膜的形成以及腐蚀产物的脱附是一个动态交替循环过程，该过程有利于腐蚀产物中 Mg^{2+} 的代谢和生物组织的生成。

5.4　生理盐水中的电化学腐蚀

5.4.1　极化曲线

　　图 5-9 为不同超声功率下微弧氧化镁合金在生理盐水中的极化曲线，镁合金的平衡腐蚀电位和腐蚀电流密度分别为 $-1.436V$ 和 $2.358 \times 10^{-5} A/cm^2$。相比于基体材料，微弧氧化处理的镁合金的腐蚀电流密度降低了一个数量级，腐蚀电位明显增加，微弧氧化处理大大提高了镁合金的耐蚀性能。此外超声作用下微弧氧化涂层对镁合金的耐蚀性能增加做出了较大贡献，其中 120W 超声功率的微弧氧化涂层平衡腐蚀电位增加到 $-0.404V$，腐蚀电流密度为 $3.617 \times 10^{-6} A/cm^2$，降低了一个数量级。从电化学腐蚀结果可以得出，超声处理技术有效地提高了微弧氧化涂层的镁合金的耐蚀性能，120W 超声功率作用下的涂层的耐蚀性能最佳。

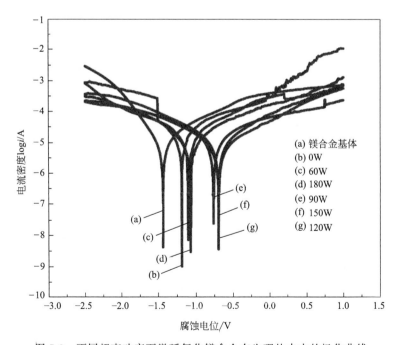

图 5-9　不同超声功率下微弧氧化镁合金在生理盐水中的极化曲线

5.4.2　电化学阻抗谱

对不同超声功率作用下镁合金微弧氧化涂层进行电化学阻抗分析，测试环境为37℃生理盐水中稳定0.5h，对获得的阻抗图和相位角数据进行拟合。图5-10为0W和60W超声微弧氧化涂层的电化学阻抗谱图，其等效电路图见图5-11，其中R_s为溶液电阻；R_{ct}为致密层与基体界面电荷转移电阻；C_{dl}为致密层与基体之间的双层电容；R_f为钝化膜成膜过程的电阻，与CPE_f并联。

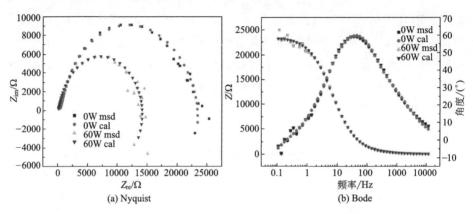

图 5-10　0W 和 60W 超声微弧氧化涂层的电化学阻抗谱图

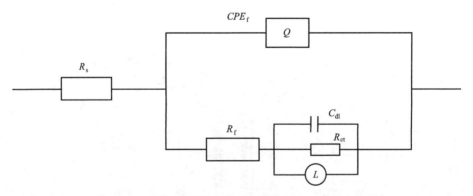

图 5-11　0W 和 60W 超声微弧氧化涂层 EIS 等效电路图

0W 和 60W 超声微弧氧化涂层 EIS 拟合数据见表 5-7。从 Nyquist 图可知超声功率为 0W 和 60W 的曲线相似，都是包括一个容抗弧和一个感抗弧，这表明 MAO 和 60W UMAO 涂层完全破坏，腐蚀液完全与基体接触，从而引起基体表面生成了钝化膜。低频区的感抗弧表明腐蚀介质 Cl⁻ 很容易侵入所形成的钝化膜而到达基体，使得基体发生孔蚀，但是尚未形成真正的腐蚀孔，即此时还处于孔蚀的诱导期。0W MAO 试样的等效电路中溶液电阻 R_s 为 197.3Ω·cm²，小于

60W UMAO 试样的等效电路电阻 R_s 为 399.4$\Omega \cdot cm^2$，这表明其金属基体的溶解程度较大。从形成的钝化膜电阻 R_f、等效电感 L 以及钝化膜与基体界面之间的转移电阻 R_{ct} 来看，0W 和 60W 超声微弧氧化试样的 R_f 分别为 1126$\Omega \cdot cm^2$ 和 1836$\Omega \cdot cm^2$，两者的等效电感分别为 $7.417 \times 10^4 L \cdot cm^2$ 和 $2.871 \times 10^5 L \cdot cm^2$，电荷转移电阻分别为 $1.308 \times 10^4 \Omega \cdot cm^2$ 和 $2.153 \times 10^4 \Omega \cdot cm^2$，说明 0W 涂层的钝化膜溶解程度大于 60W，因而 0W MAO 的孔蚀区域的钝化膜厚度小于 60W UMAO 试样。其主要原因是 60W UMAO 试样的致密层厚度增加，而且多孔层与致密层之间的孔隙缺陷减少，使得在腐蚀溶液中 Cl^- 作用下，溶液不容易穿透致密层而到达基体表面，60W UMAO 的保护作用加强，即金属的腐蚀速率降低了，所以容抗弧直径增加。从两者的非对称的 Bode 图可知，在低频区 1~0.1Hz 频率范围内相位角曲线有一小小的波动，对应的电阻基本保持不变，这也说明在金属基体上形成了钝化膜。

表 5-7　0W 和 60W 超声微弧氧化涂层 EIS 拟合数据

超声功率 /W	R_s /$\Omega \cdot cm^2$	CPE_f /$F \cdot cm^2$	n	R_f /$\Omega \cdot cm^2$	C_{dl} /$F \cdot cm^2$	R_{ct} /$\Omega \cdot cm^2$	L /$H \cdot cm^2$
0	197.3	3.001×10^{-6}	0.8388	1126	1.666×10^{-7}	1.308×10^4	7.417×10^4
60	399.4	2.747×10^{-6}	0.7938	1836	3.654×10^{-7}	2.153×10^4	2.871×10^5

90W 和 120W 超声微弧氧化涂层 EIS 拟合数据见表 5-8，其阻抗谱图见图 5-12，超声功率为 90W 和 120W 的曲线相似，Nyquist 图中电阻表现为一个大半环的容抗弧，频率范围为 0.1~10000Hz 时被拟合成的等效电路图分别见图 5-13 和图 5-14；Bode 图中仅有一个时间常数，因此两者的等效电路也可以简化为 R（CR）模型，图 5-15 为其简化等效电路图。电路图中 R_p 为多孔层的电阻，以及与其并联的恒相位角元素 CPE_p，R_d 为致密层的电阻，C_d 为致密层电容。90W 和 120W 超声微弧氧化试样的溶液电阻 R_s 分别为 202.1$\Omega \cdot cm^2$ 和 200.1$\Omega \cdot cm^2$，两者大小接近，表明金属基体的溶解程度接近。多孔层的电阻分别为 9943$\Omega \cdot cm^2$ 和 1396$\Omega \cdot cm^2$，致密层电阻分别为 1335$\Omega \cdot cm^2$ 和 21460$\Omega \cdot cm^2$，这表明 UMAO 涂层保持比较完好，腐蚀液并未与基体接触，在短时间内电解液并没有通过多孔进行扩散。90W UMAO 涂层的多孔层的 MgO 发生水化反应生成 $Mg(OH)_2$ 而使得多孔层电阻大于 120W，而 120W UMAO 涂层对镁合金基体起到的保护作用增强，浸泡时多孔层保持较好，致密层提供了更好的防护作用。

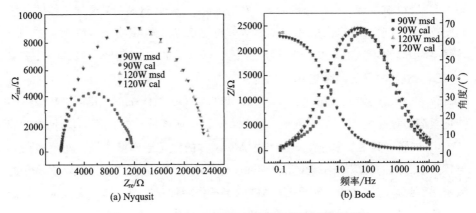

(a) Nyqusit　　(b) Bode

图 5-12　90W 和 120W 超声微弧氧化涂层阻抗谱图

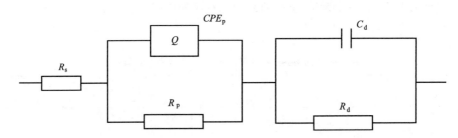

图 5-13　90W 超声微弧氧化涂层 EIS 等效电路图

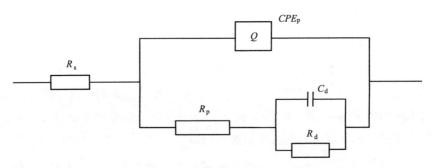

图 5-14　120W 超声微弧氧化涂层 EIS 等效电路图

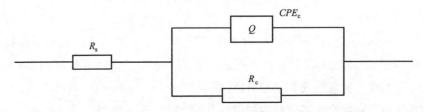

图 5-15　90W 和 120W 超声微弧氧化涂层简化的 EIS 等效电路图

表 5-8 90W 和 120W 超声微弧氧化涂层 EIS 拟合数据

超声功率 /W	R_s /$\Omega \cdot cm^2$	CPE_p /$F \cdot cm^2$	n	R_c /$\Omega \cdot cm^2$	C_d /$F \cdot cm^2$	R_d /$\Omega \cdot cm^2$
90	202.1	3.707×10^{-6}	0.8823	9943	2.757×10^{-4}	1335
120	200.1	3.61×10^{-6}	0.8393	1396	1.836×10^{-7}	21460

图 5-16 为 150W 和 180W 超声微弧氧化涂层阻抗谱图，超声功率为 150W 和 180W 的曲线相似，电阻表现为两个容抗弧和一个感抗弧。频率范围为 0.1～10000Hz 时被拟合成的等效电路图见图 5-17，高频区出现了容抗弧是由于 UMAO 外层的保护作用，从而使得多孔内部表面形成腐蚀产物 $Mg(OH)_2$。低频区感抗弧说明了致密层与基体之间发生了钝化反应，形成了钝化层。150W 的 R_f 和 R_{ct} 大于 180W 的钝化膜电阻和电荷转移电阻，说明 150W 涂层在 Cl^- 作用下形成的钝化膜相对较致密，其溶解速率小于 180W 钝化层的溶解速率。同时低频区的感抗弧表明与 Cl^- 接触的表面区域的钝化膜发生了溶解，使得钝化的基体材料处于孔蚀诱导期。150W 和 180W UMAO 涂层与 0W 和 60W MAO 涂层相比较，延迟了腐蚀液进入基体的速度，阻挡腐蚀介质的侵入能力提高，因而其防护作用明显增强。EIS 拟合数据见表 5-9。Bode 图中有两个明显的时间常数，频率范围为 10～1Hz 区域相位角保持不变，而且电阻值略有增加，说明镁合金基体发生了钝化。频率继续下降到 0.5～0.1Hz 时，对应的电阻值下降，表明钝化膜已经开始溶解，溶液已经渗到基体表面。

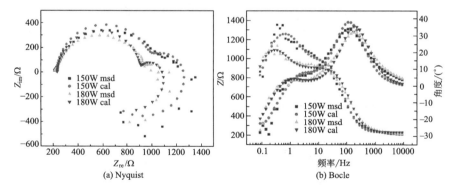

(a) Nyquist

(b) Bocle

图 5-16 150W 和 180W 超声微弧氧化涂层阻抗谱图

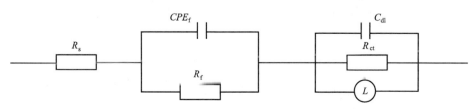

图 5-17 150W 和 180W 超声微弧氧化涂层 EIS 等效电路图

表 5-9　150W 和 180W 超声微弧氧化涂层 EIS 拟合数据

超声功率 /W	R_s /$\Omega \cdot cm^2$	CPE_f /$F \cdot cm^2$	n	R_f /$\Omega \cdot cm^2$	C_{dl} /$F \cdot cm^2$	R_{ct} /$\Omega \cdot cm^2$	L /$H \cdot cm^2$
150	232.5	2.071×10^{-4}	0.7938	348.6	3.164×10^{-6}	753.8	701.3
180	235.7	7.232×10^{-4}	0.8388	270.7	2.155×10^{-6}	674.6	1200

5.5　涂层接触角

从图 5-18 所示涂层的接触角测试结果可知，未加入超声涂层的表面接触角最小为 63°，说明该涂层的表面能处于最高状态值。当加入超声处理后，微弧氧化层表面的接触角随着超声功率的加入而增加，其中当超声功率增加到 120W 时，涂层接触角达到最大值为 92°，该涂层已经具有疏水性。接触角增加，说明膜层具有了扩散屏障能力，能够进一步阻碍基体腐蚀过程中腐蚀介质

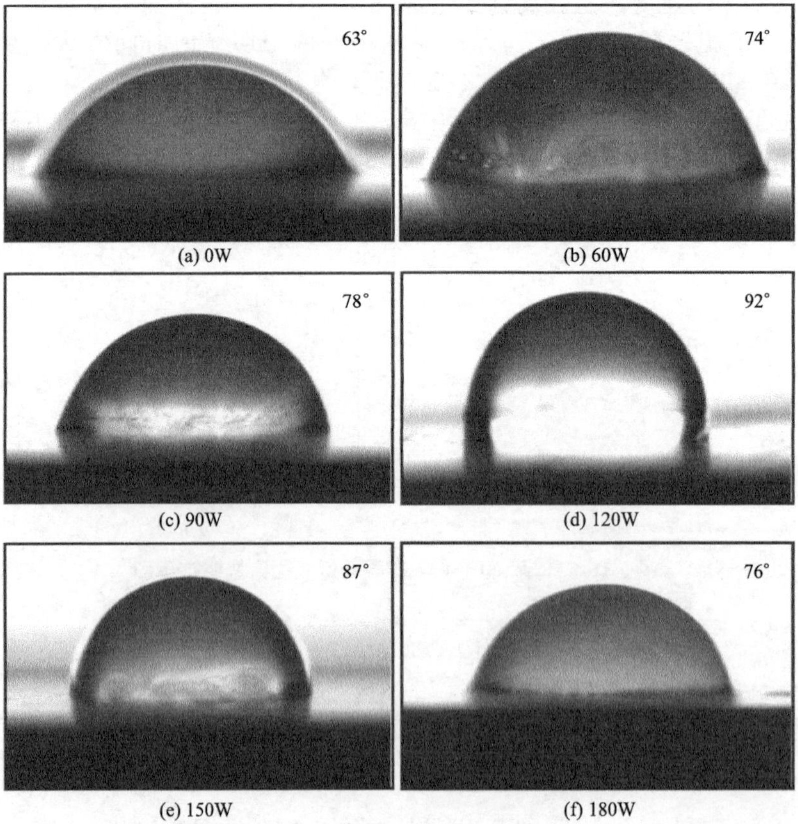

(a) 0W　63°　　(b) 60W　74°

(c) 90W　78°　　(d) 120W　92°

(e) 150W　87°　　(f) 180W　76°

图 5-18　超声微弧氧化涂层接触角

的传递以及转移。从接触角测试结果可以推知，120W超声作用的微弧氧化层对基体的保护作用最佳。

5.6　涂层耐蚀性能

对1号和2号腐蚀液环境下的5种样品进行析氢腐蚀试验研究，通过收集氢气的量来计算合金的腐蚀速率，同时测定对应的每种腐蚀液的pH值变化情况。图5-19为5种样品在1号腐蚀液中浸泡21d后（表面含有腐蚀产物）的

(a) 镁合金　　　　　　(b) MAO　　　　　　(c) 120W UMAO

(d) MAO-ED　　　　　(e) 120W UMAO-ED

图5-19　5种样品在含有缓冲剂的腐蚀液中浸泡21d后的宏观表面形貌

宏观表面形貌，图5-20为5种样品在含有缓冲剂的腐蚀液中浸泡21d后（清除表面的腐蚀产物后）的微观表面形貌。从宏观腐蚀照片可以得出，1号腐蚀液中浸泡21d后镁合金基体腐蚀非常严重，试样的圆周外部完全溶解；微弧氧化试样表面局部产生腐蚀，但氧化膜依然完好存在；超声微弧氧化镁合金表面保持着氧化膜的颜色，同时其表面附着着结晶物质。微弧氧化-电沉积试样表面的腐蚀斑点明显地少于微弧氧化试样，同时超声微弧氧化-电沉积试样表面仍然附着着结晶物质。从微观腐蚀照片中观察发现镁合金基体表面凸凹不平，边缘明显地薄于中心位置，这与宏观腐蚀照片相对应。微弧氧化试样的表面整体保持一致，出现了轻度腐蚀坑。而超声微弧氧化试样尽管表面粗糙度较高，

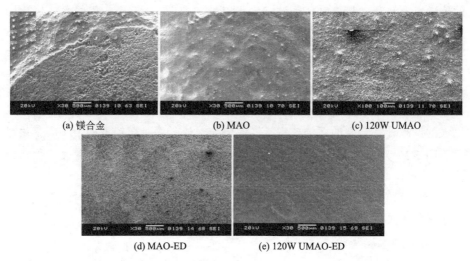

(a) 镁合金   (b) MAO   (c) 120W UMAO

(d) MAO-ED   (e) 120W UMAO-ED

图 5-20　5 种样品在含有缓冲剂的腐蚀液中浸泡 21d 后的微观表面形貌

但是没有明显的凹坑出现。微弧氧化-电沉积以及超声微弧氧化-电沉积试样表面很平整。由形貌分析可以初步得出结论：超声微弧氧化与电沉积复合工艺制备的涂层，对镁合金的耐蚀性的提高有明显的作用。

　　为了定量地分析几种表面处理的镁合金的腐蚀速率，采用测量氢气的量的方式来进行比较，根据式（5-1）计算镁合金的腐蚀速率 V（mm/d）：

$$V=8.76\times10^{4}m/(Atd) \qquad (5-1)$$

式中　m——腐蚀质量损失，g；

　　　　A——试样原始表面积，cm^2；

　　　　t——浸泡时间，d；

　　　　d——试样密度，g/cm^3。

　　图 5-21 为各组试样在 1 号和 2 号腐蚀液中的腐蚀速率。在 1 号腐蚀液中各试样的腐蚀速率很高，镁合金基体的最高腐蚀速率达到 $0.33mg/(cm^2 \cdot h)$，微弧氧化试样的腐蚀速率为 $0.02\sim0.09mg/(cm^2 \cdot h)$，超声微弧氧化试样的腐蚀速率为 $0.02\sim0.05mg/(cm^2 \cdot h)$。微弧氧化-电沉积试样的腐蚀速率为 $0.02\sim0.04mg/(cm^2 \cdot h)$，超声微弧氧化-电沉积试样的腐蚀速率为 $0.02\sim0.025mg/(cm^2 \cdot h)$。在 1 号腐蚀液中超声微弧氧化-电沉积试样的腐蚀速率最小；在 2 号腐蚀液中各试样的腐蚀速率同样很高，镁合金基体的最高腐蚀速率为 $0.01mg/(cm^2 \cdot h)$，其腐蚀速率为最初在 1 号腐蚀液中的腐蚀速率的 1/30，其余各试样的腐蚀速率均小于 $0.001mg/(cm^2 \cdot h)$。两种腐蚀液中腐蚀速率大小关

系相一致，但是1号腐蚀液对镁合金的侵蚀作用明显高于 2 号腐蚀液。

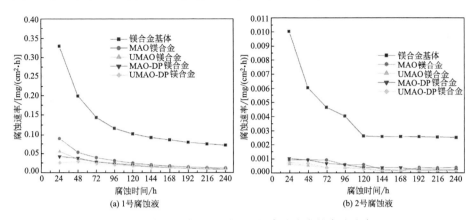

图 5-21　各组试样在 1 号和 2 号腐蚀液中的腐蚀速率

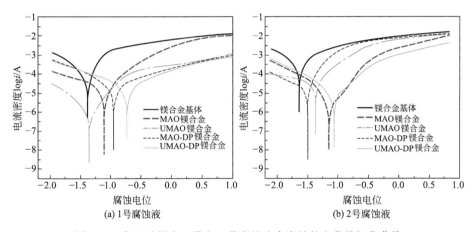

图 5-22　各组试样在 1 号和 2 号腐蚀液中腐蚀的电化学极化曲线

图 5-22 为各组试样在 1 号和 2 号模拟体液中腐蚀的电化学极化曲线。针对于 1 号腐蚀液，镁合金基体的平衡腐蚀电位为 $-1.502V$，腐蚀电流为 $2.292\times10^{-4}A/cm^2$。微弧氧化处理镁合金的平衡腐蚀电位为 $-1.364V$，腐蚀电流为 $1.507\times10^{-5}A/cm^2$，与镁合金基体相比其腐蚀电位增加的同时腐蚀电流降低了一个数量级，说明微弧氧化处理有效地提高了镁合金的耐蚀性能。超声微弧氧化处理的镁合金的腐蚀电位增加到 $-1.230V$，电流密度为 $3.769\times10^{-5}A/cm^2$。微弧氧化-电沉积处理的镁合金的平衡腐蚀电位增加到 $-1.021V$，电流密度为 $1.753\times10^{-6}A/cm^2$，与微弧氧化处理镁合金相比其腐蚀电位增加了 0.343V，同时腐蚀电流降低了一个数量级。超声微弧氧化-电沉积复合镁合金的平衡腐蚀电

位达到了 -0.931V，电流密度为 7.372×10^{-6} A/cm²，该表面处理的镁合金的平衡腐蚀电位较镁合金基体的增加了 0.571V，电流密度降低了 2 个数量级。该结果与析氢腐蚀结果相一致。针对 2 号腐蚀液，测得的电化学极化曲线如图 5-22 (b) 所示，该结果得出的各种试样的耐蚀性能相对大小关系结果与 1 号腐蚀液中的完全一致。

图 5-23 为 1 号和 2 号腐蚀液浸泡不同表面处理的镁合金后 pH 值随时间的变化情况。1 号腐蚀液中，镁合金基体试样使得模拟体液的 pH 值在 2d 时达到最大值。其余各种表面处理试样的腐蚀液的 pH 值明显低于镁合金基体的腐蚀液的，并且与电沉积复合试样的腐蚀液的 pH 值变化缓慢，在浸泡 6d 之内溶液的 pH 值仍然小于 8。这一结果说明经过超声微弧氧化处理的镁合金与电沉积复合涂层的保护性能最好，从而使得镁离子的溶出速率降低，使得溶液的碱性明显低于其他的表面处理试样的腐蚀液。2 号腐蚀液中，镁合金基体的腐蚀液的 pH 值均高于 8.4，而其他表面处理的镁合金的腐蚀液的 pH 值在 7.4~7.8 之间波动。

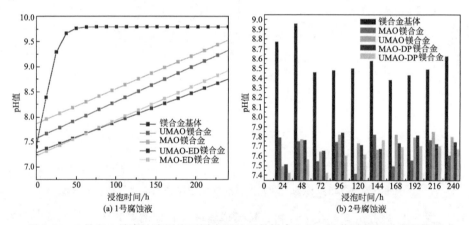

图 5-23　1 号和 2 号腐蚀液浸泡不同表面处理的镁合金后 pH 值随时间的变化情况

图 5-24 为 1 号腐蚀液中各种表面处理的镁合金腐蚀 21d 后，溶解在腐蚀液中的腐蚀产物的相分析。从相分析的图谱中可知，镁合金基体的腐蚀产物中除了生成羟基磷灰石以及磷酸钙镁盐类外，还检测到碱式碳酸镁相，说明腐蚀产物中含有大量的镁，试样在腐蚀的过程中溶出了大量的镁离子。微弧氧化处理试样的腐蚀产物主要是羟基磷灰石、磷酸钙镁盐和氯化钠。该结果说明超声微弧氧化及电沉积复合试样的耐蚀性能均得到提高，这一结果与析氢测得腐蚀速率情况相吻合。

吉林大学的胡晓丽在镁合金基体表面制备二水合磷酸氢钙后其腐蚀速率为

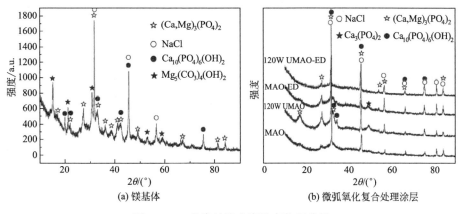

图5-24　1号腐蚀液中腐蚀产物相分析

$0.00268g/(cm^2 \cdot d)$，该腐蚀速率相当于$0.1117mg/(cm^2 \cdot h)$。杨柯等研究了AZ31B在Hank's溶液中的析氢速率为$0.001mL/(cm^2 \cdot h)$，其腐蚀速率相当于$0.0011mg/(cm^2 \cdot h)$。任伊宾报道，在模拟体液中纯镁的腐蚀速率为$0.2 \sim 1mm/a$。本研究中选择的超声微弧氧化技术对镁合金进行表面处理，通过上述析氢腐蚀试验测得的各种表面处理状态的镁合金的腐蚀速率比较，得到超声微弧氧化处理镁合金的腐蚀速率可以达到$0.74mm/a$的结果。这一结果表明超声微弧氧化技术在镁合金表面防护方面有积极作用，该方法可行。

5.7　腐蚀机理分析

　　超声微弧氧化镁合金在模拟体液和NaCl溶液中腐蚀的电化学阻抗及在模拟体液中20d的浸泡分析表明，涂层镁合金经历了四个阶段的腐蚀，即腐蚀介质侵蚀多孔层—腐蚀液穿过致密层形成钝化膜—钝化膜吸、脱附过程—基体溶解。首先是多孔层阻碍Cl^-等侵蚀离子的侵入，该阶段主要受涂层中的微孔直径、数量、裂纹以及内层厚度的影响。如果该层中的缺陷数量少、孔的数量少、孔密度降低，均能有效地阻碍Cl^-的传输，避免其带来的点蚀。第二阶段是腐蚀液渗入致密层，随着腐蚀液的侵入发生式（5-2）所示的反应，随后不稳定的MgO相发生水合反应即生成稳定的$Mg(OH)_2$相，发生的反应方程式见式（5-3）。$Mg(OH)_2$形成钝化膜对基体进行防护，随着时间的增加，钝化膜变得紧实，膜内的离子溶解受到限制，此时钝化膜的溶解和形成达到动态平衡，膜不再生长。随后进入第三阶段的腐蚀，越来越多的腐蚀液吸附在钝化膜的表面而使得钝化膜发生溶解，此时钝化膜的溶解和生长的动态平衡遭到破坏，钝化膜发生脱附，最终溶液到达基体并与基体发生反应，涂层完全失效，发生反应的方程式见式（5-4）。最后与基体接触的腐蚀液和基体两者发生反应，基体中 Mg 与溶液接触发生式（5-5）所示反应生成 $Mg(OH)_2$，随着侵蚀时间的延长，腐蚀产物 $Mg(OH)_2$ 发生溶解即发生式（5-4）所示反应，溶出的 Mg^{2+} 与腐蚀液中的 PO_4^{3-} 和 Ca^{2+} 离子结合发生反应见式（5-6）和式（5-7）：

$$Mg + H_2O \longrightarrow H_2 + MgO \tag{5-2}$$

$$MgO + H_2O \longrightarrow Mg(OH)_2 \tag{5-3}$$

$$Mg(OH)_2 + Cl^- \longrightarrow MgCl_2 + OH^- \tag{5-4}$$

$$Mg + H_2O \longrightarrow Mg(OH)_2 + H_2 \tag{5-5}$$

$$Mg^{2+} + PO_4^{3-} \longrightarrow Mg_3(PO_4)_2 \tag{5-6}$$

$$Mg^{2+}/Ca^{2+} + PO_4^{3-} \longrightarrow (Ca,Mg)_3(PO_4)_2 \tag{5-7}$$

同时 Mg^{2+} 与模拟体液中的 CO_3^{2-} 发生式（5-8）所示反应：

$$Mg^{2+} + CO_3^{2-} + OH^- \longrightarrow Mg_m(CO_3)_n(OH)_2 \cdot nH_2O \tag{5-8}$$

涂层中的 Ca^{2+} 与模拟体液中的 PO_4^{3-} 发生式（5-9）所示反应：

$$Ca^{2+} + PO_4^{3-} + OH^- \longrightarrow Ca_{10}(PO_4)_6(OH)_2 \tag{5-9}$$

$Ca_{10}(PO_4)_6(OH)_2$ 和 $Mg_3(PO_4)_2$ 的溶度积分别为 1.6×10^{-58} 和 1.04×10^{-24}，比其他腐蚀产物的值都小，$Mg_3(PO_4)_2$ 是 Mg 在模拟体液中的腐蚀产物之一，这些相能够阻止 Mg 的快速腐蚀。图 5-25 中所示各组试样在模拟体液中的腐蚀产物结果表明：Mg 合金基体在模拟体液中的腐蚀产物中除了生成了 $Ca_{10}(PO_4)_6(OH)_2$ 和 $(Ca,Mg)_3(PO_4)_2$，还生成了碳酸镍盐类，即 $Mg_5(CO_3)_4(OH)_2 \cdot 4H_2O$ 和 $Mg_2(CO_3)(OH)_2 \cdot 3H_2O$，说明在模拟体液中镍离

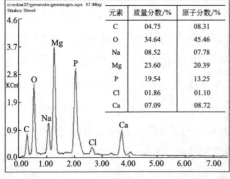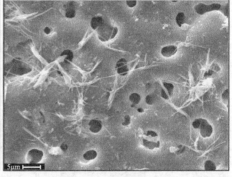

图 5-25　超声微弧氧化涂层经过电化学腐蚀后的能谱分析

子溶出较多。而超声微弧氧化及其电沉积复合涂层中除了 $Ca_{10}(PO_4)_6(OH)_2$ 和$(Ca,Mg)_3(PO_4)_2$ 相外，仅检测到 NaCl 相，说明试样在浸泡过程中镁离子溶出量减少。同时超声作用增加了涂层中钙磷活性物质的含量，增加了其表面活性，图 5-25 为超声微弧氧化涂层经过电化学腐蚀后的能谱分析，其表面形成了针状物质，该针状物质处材料表面的钙磷比为 0.65，该值大于电化学腐蚀前其表面的钙磷比 0.35，说明该材料表面的生物活性增强，表面的钙离子容易与腐蚀液中的磷酸根发生反应而形成稳定相。

图 5-26 为 MAO 和 UMAO 涂层在腐蚀液中的腐蚀过程示意图。图 5-26（a）是

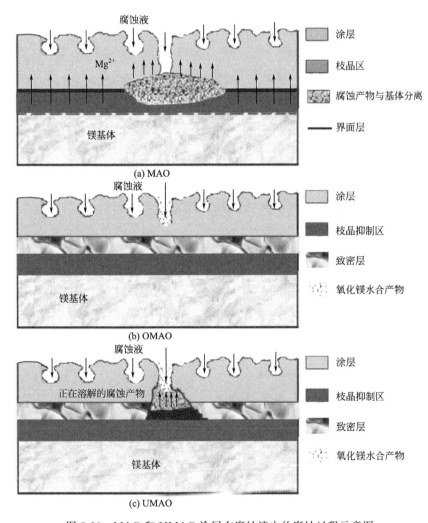

图 5-26　MAO 和 UMAO 涂层在腐蚀液中的腐蚀过程示意图

　　未引入超声的微弧氧化涂层的腐蚀过程，微弧氧化涂层中，由于涂层中的缺陷数量较多、致密层较薄、表面孔的数量多，腐蚀液很容易入侵经过多孔层到达涂层与基体结合的界面处。同时微弧氧化过程中基体中靠近涂层一侧形成的枝晶结构的 Mg，由于其结构疏松，Mg^{2+} 更容易扩散到腐蚀液一侧与腐蚀液接触发生化学反应，因而涂层在腐蚀初期就发生了很严重的腐蚀，生成了大量的 $Mg(OH)_2$ 腐蚀产物。随着腐蚀液的侵入，腐蚀产物与基体发生了剥离，基体很快发生了点蚀。

　　图 5-26（b）、(c) 是超声微弧氧化涂层的腐蚀过程，由于其表层中裂纹缺陷数量明显较少，致密层厚度增加，对腐蚀液的阻挡能力增强，涂层的防腐能力比未引入超声时增强。由于超声空化效应和机械效应，形成的涂层表面多孔层厚度减小而致密层厚度增加，涂层中应力得到了很好的释放而降低了裂纹产生倾向，同时 MAO 过程中基体中重熔镁的枝晶结构被有效抑制，使得基体中 Mg^{2+} 扩散能力减弱，因而发生腐蚀程度减弱或腐蚀进程减慢，在腐蚀初期腐蚀仅仅发生在多孔层的内部。

　　图 5-26（c）是基体与涂层界面处钝化膜形成示意图，随着腐蚀时间的延长腐蚀液穿过多孔层后进入致密层，在基体和致密层界面处形成了较厚的钝化膜，钝化膜发生了溶解，12h 的浸泡时间内涂层与模拟体液发生反应生成了大量的腐蚀产物堆积，浸泡时间为 24h 时形成的腐蚀产物开始溶解发生脱附，腐蚀液深入到基体与钝化膜界面处，基体中 Mg^{2+} 开始溶出，并在界面处生成了钝化膜，该钝化膜成为基体的保护层，有效地降低了基体中 Mg^{2+} 的溶解速率。浸泡时间到达 72h 时，新形成的钝化膜发生大量的溶解，膜生成速度小于其溶解速率。浸泡时间至 120h 时，其腐蚀行为与 12h 时相似，基体中 Mg^{2+} 开始进一步地溶出而形成了新的钝化膜，基体中 Mg^{2+} 发生进一步的溶出。从 120h 内的电化学腐蚀行为可知涂层的溶解、钝化膜的形成以及腐蚀产物的脱附是一个动态交替循环过程，该过程有利于腐蚀产物中 Mg^{2+} 的代谢和生物组织的生成。超声有效地提高了镁合金的耐蚀性能，其主要原因与涂层接触的基体在微弧氧化过程中发生了重溶，重溶金属结晶过程中枝晶结构消失或得到了很好的抑制，因而降低了镁离子的溶出速度，因此涂层表面及界面结构是影响镁合金耐蚀性的重要因素。

5.8　本章小结

　　涂层在生理盐水和模拟体液中的腐蚀研究表明，涂层表层和内层结构对耐蚀性产生了主要的影响：

（1）超声微弧氧化镁合金试样在模拟体液和生理盐水中的腐蚀的极化曲线结果表明：不同功率的超声微弧氧化处理后镁合金的腐蚀电流降低了1～2个数量级，而线性极化电阻增加了1个数量级，120W超声功率的微弧氧化涂层耐蚀性能最佳，模拟体液中平衡腐蚀电位和电流密度分别为−0.796V和8.903×10^{-8} A/mm^2，生理盐水中的平衡腐蚀电位和电流密度分别为−0.404V和3.617×10^{-6} A/mm^2。

（2）模拟体液和生理盐水中的电化学阻抗结果表明：镁合金涂层腐蚀经历四个阶段过程：腐蚀介质侵蚀多孔层—腐蚀液穿过致密层形成钝化膜—钝化膜吸、脱附过程—基体溶解。超声微弧氧化镁合金涂层中，在短时间内电解液并没有通过多孔进行扩散，涂层的溶解、钝化膜的形成以及腐蚀产物的脱附是一个动态交替循环过程。微弧氧化镁合金涂层中，腐蚀初期发生了严重的腐蚀，腐蚀产物与基体发生了剥离，镁合金基体发生了点蚀。

（3）涂层润湿角的测定结果表明：120W超声微弧氧化涂层接触角达到最大值为92°，该涂层已经具有疏水性。

（4）析氢腐蚀研究结果表明：缓冲剂增加了镁合金在模拟体液中的腐蚀速率，各组试样在含有缓冲剂和无缓冲剂的模拟体液中的腐蚀速率大小关系相一致，镁合金在无缓冲剂的模拟体液中的腐蚀速率是含有缓冲剂的模拟体液的1/30。

◆ 参考文献 ◆

[1] 曹楚南，张鉴清．电化学阻抗谱导论［M］．北京：科学出版社，2002，185-191．

[2] 胡晓丽．AZ60镁合金钙系磷酸盐膜层成膜与腐蚀机制研究［D］．吉林：吉林大学，2010．

[3] 杨柯，谭丽丽，任伊宾，等．AZ31镁合金的生物降解行为研究［J］．中国材料进展，2009，28（2）：26-30．

[4] 任伊宾，黄晶晶，杨柯，等．纯镁的生物腐蚀研究［J］．金属学报，2005，41（11）：1228-1232．

[5] Seyfoori A, Mirdamadi S, Khavandi A, et al. Biodegradation behavior of micro-arc oxidized AZ31 magnesium alloys formed in two different electrolytes［J］．Applied Surface Science, 2012, 261: 92-100.

[6] 曲立杰，李慕勤，张一林，等．超声微弧氧化处理镁合金模拟体液中的耐蚀性．材料热处理学报，2013，34（3）：130-135．

[7] 曲立杰，李慕勤，庄明辉，等．超声微弧氧化医用镁合金体外降解性研究．稀有金属材料与工程，

2014，43（S1）：96-100.

［8］曲立杰，李慕勤，张二林，等．超声微弧氧化镁合金-电沉积复合涂层结构及其耐蚀性［J］．东北大学学报，2012，33（S1）：234-238.

第 6 章

镁合金超声微弧氧化涂层体内生物学评价

6.1 引言

新陈代谢是生命的特征之一。人体内的新陈代谢过程是极其复杂的，包含许多的生物化学反应。因此，体内材料除了发生腐蚀反应外还要参与生物反应。材料的腐蚀是影响其力学性能和生物活性的重要因素。尤其对于可降解硬组织植入材料，模拟体液如果具备重现材料在活体中降解情况的能力，意义将非常重大。目前已有许多文献研究了材料在模拟体液中的腐蚀情况，但是对于体外和体内腐蚀关系研究的报道较少，其主要原因是目前体内研究还没有统一标准。Frank Witte 等研究了两种镁合金 AZ91D、LAE442 在模拟环境和活体环境中的腐蚀情况。模拟环境中的测试包括浸泡失重法和电化学方法，活体实验则采用镁棒植入几内亚猪腿骨，通过同步加速 X 射线成像技术监测体积的减少情况。研究结果表明，镁合金在活体中的腐蚀速率比在模拟生物环境中的腐蚀速率低四个数量级，而且发现两者的腐蚀速率变化趋势也是相反的。

诸多研究表明镁合金表现出良好的生物相容性。尽管镁合金具有潜在的生物医学应用价值，但是若实现临床应用，仍然需要大量的体内试验检测研究，即从最初的动物模型到最终应用于人体。可降解生物材料必须具备以下几个特殊性能：①材料具有可降解性，在 12～15 个月内骨能够完全再生，材料降解与骨愈合相匹配，具有适度均匀的降解速度；②材料具有生物相容性，要求材料具有充足的生物响应。然而，镁合金在降解过程中产生大量的氢气，并且产生氢气的积累，从而限制了其作为骨结合材料的使用。解决氢气积累问题的关键在于控制镁合金在种植期间的降解速率，使其达到缓慢降解，控制局部 H_2 不超标，同时形成的少量腐蚀产物能够被细胞吸收后通过肾脏排出。材料表面的化学性质对生物活性方面起到了主要作用。

本章选取体外耐蚀性能最佳的 120W UMAO 涂层镁合金和表面复合钙磷涂层的 MAO-ED 镁合金作为实验组，MAO 组作为对照组进行动物体内研究，利用口腔 CT、扫描电镜、能谱仪、光学显微镜等分析种植体材料在 24 周内的降解的稳定性及骨形成过程，对 12 周材料组 HE 染色进行骨组织学分析。

6.2 体内生物学评价

根据国家标准 GB/T 16886.2—2011/ISO 10993-2：2006 和 GB/T 16886.6—1997/ISO 10993-6：1994 设计动物实验、进行外科手术、无痛处

死、术后评价和生物学评价。

6.2.1　骨缺损模型建立

由佳木斯大学动物中心提供 24 只健康的新西兰大白兔，雌雄不限，体重约为 2.0～3.0kg，种植体尺寸为 $\phi2.5mm\times7mm$。

以 3％戊巴比妥钠（30mg/kg）静脉注射麻醉至实验用兔子完全麻醉，备皮后用清水清洗股骨，使用 75％酒精与 0.5％碘伏交替反复消毒。在股骨左右两侧切开皮肤分离肌层，分离骨膜使得股骨露出。在生理盐水冷却下以低速牙钻形成 $\phi2.5mm\times7mm$ 的缺损，保留骨膜。使用生理盐水反复冲洗后，在骨缺损区植入实验组及对照组材料后，完全止血严密逐层缝合创口后使用生理盐水冲洗，碘伏消毒。

6.2.2　术后动物饲养

每只兔子独立、常规饲料喂养。实验组及对照组术后 7d 内每日 1 次连续肌注盐酸庆大霉素（0.5mg/kg），同时使用碘伏对创伤区进行消毒。随时关注动物的饮食、活动、精神状态及术区有无感染等。

6.2.3　术后处理

植入后每周抽取动物血液及尿液进行血镁和尿镁浓度检测。术后 4 周、8 周、12 周和 24 周时分别给动物通过耳缘静脉注射空气安乐处死。将种植体位置带有 5mm 的正常组织的骨组织块取下。使用生理盐水反复对其进行冲洗后，利用 10％甲醛溶液进行组织块的固定。固定 24h 后，将标本块放入到 10％的 EDTA 脱钙液中进行脱钙处理，在常温下脱钙 28d，每 4d 更换一次脱钙液。脱钙后先将标本骨组织块用流水冲洗 24h 后，对标本块进行酒精梯度脱水处理，然后分别使用 60％、70％、80％、90％、95％和 100％乙醇逐级脱水 15min。将脱水后标本浸蜡、包埋处理并且切成 10mm×10mm×10mm 的蜡块。

6.2.4　术后检测

使用日本 HITACHI7080 大生化仪器测定尿液和血液中镁离子浓度测定；利用扫描电镜及能谱分析种植体界面结合情况；利用日本 OLYMPUS BH-2 光学显微镜进行 HE 染色组织学观察；应用美国 Kodak90003D 全数字化口腔 CT（CBCT）对骨缺损区进行三维扫描，观察种植体与骨结合情况，测试仪器功率为 2.2kW，频率为 50Hz。

6.3 动物模型建立

图 6-1 为动物种植模型，镁合金种植试样大小为 $\phi 2.5mm \times 7mm$，植入到兔子的股骨中。根据种植用的骨钉尺寸，在兔子的股骨位置用低速电钻取孔，使种植体试样与孔之间保持良好的接触，在一侧股骨中植入两颗相同表面处理状态的骨钉。检测兔子尿液及血液中的镁离子的含量，并取植入部位的骨进行病理分析，同时观察种植体与骨界面结合情况。

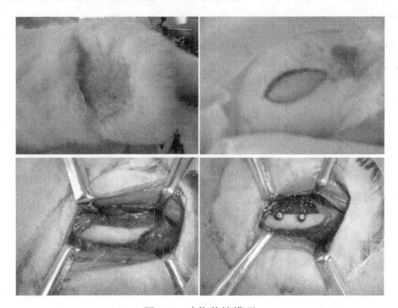

图 6-1　动物种植模型

6.4 尿镁及血镁浓度

图 6-2 为 MAO 对照组和 MAO-ED、UMAO 实验组三种种植体，在种植期间动物尿液及血液中镁离子的浓度。种植前兔子的尿液及血液的镁离子浓度分别为 3.9mmol/L 和 0.98mmol/L。种植期间每周对尿液及血液进行镁离子浓度测试。结果表明：降解的镁离子主要是通过肾脏代谢以尿液形式排出体外，尿液中镁离子的浓度范围为 4～5.3mmol/L，血液中镁离子的浓度除了 13 周组中 MAO 种植体和 MAO-ED 种植体及 15 周组中 MAO 种植体超出文献的参考范围，其余各个种植时间内，三组种植体的镁离子浓度均在正常范围内。

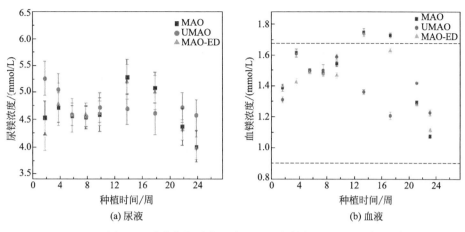

(a) 尿液

(b) 血液

图 6-2 种植期间动物尿液和血液中镁离子的浓度

6.5 骨生长及种植体降解行为

6.5.1 种植体微观结构及成分

种植体的表面状态将影响其最终与环境组织的整合能力。图 6-3 为三种种植体材料即对照组 MAO 种植体、实验组 MAO-ED 种植体和 120W UMAO

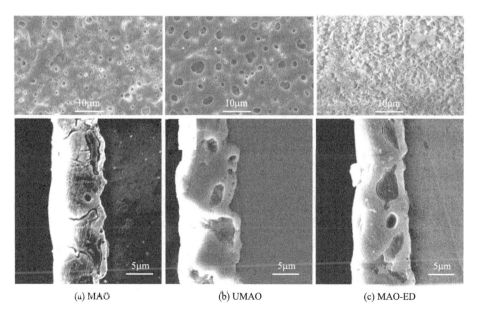

(a) MAO (b) UMAO (c) MAO-ED

图 6-3 种植体表面积断面形貌

种植体的表面及断面形貌。MAO 组表面孔较小且不均匀，涂层的断面中可见裂纹存在；而 UMAO 组表面平整度较好，孔径较大，分布均匀。MAO-ED 组材料的表面分布着针状的 Ca、P 涂层。MAO-ED 种植体与 UMAO 种植体涂层致密层厚度略有增加。三组材料涂层的厚度约为 $10\mu m$。由图 4-15、图 4-16 以及图 4-20 可知 MAO 种植体与 UMAO 种植体涂层主要是 MgO、$Ca_3(PO_4)_2$、$Mg_3(PO_4)$，MAO-ED 种植体涂层主要为二水合磷酸氢钙。

6.5.2　种植体与骨界面扫描电镜及能谱分析

6.5.2.1　种植体与骨界描处扫描电镜分析

利用扫描电镜研究种植体与骨接触或结合的整体情况。研究表明，种植体周围的骨与种植体之间的结合的紧密程度越好，骨沉积得越理想。

种植 4 周组中，MAO 种植体与骨之间接触面积最小，而且种植体与骨之间存在很大的空隙，见图 6-4（a）。图 6-4（e）表明 MAO-ED 种植体与骨之间接触良好，但是局部位置处可见疏松的类骨质。图 6-4（i）中 UMAO 种植体与骨之间结合非常紧密，而且种植体周边的骨组织结构规则、排布紧密，由背散色形貌可以观察到骨与降解产物发生了融合。该结果说明在种植初期 4 周时，MAO 种植体的降解速率远大于新骨的形成速率，在种植体-骨界面处产生了大量的氢气，因而使得两者之间存在较大的空洞。对于 MAO-ED 种植体，种植体表面的活性的 Ca、P 涂层起到主要保护作用，减缓了种植体的降解速率，降低了氢气的释放量。同时活性涂层材料在体内生理环境液作用下发生水解后释放出的 Ca^{2+} 和 PO_4^{3-} 离子有助于新骨的形成。种植初期结果表明，骨对 MAO-ED 和 UMAO 种植体产生了快速的适应性，对环境产生了很好的耐受性，两种材料在种植初期均表现出很好的骨整合作用。

种植 8 周组中，图 6-4(b)、(f)、(i)分别为 MAO、MAO-ED 和 UMAO 种植体与骨界面结合情况。MAO 种植体降解速度增加，使得先形成的少量骨或者骨与种植体相接触的位置处发生了种植体与骨的分离。在 MAO-ED 和 UMAO 种植体中也出现了大小不同的空洞。对于 MAO-ED 种植体，表面的活性 Ca、P 涂层已经溶解或者被吸收参与骨组织的矿化，镁合金的降解同样使得前期形成的骨从种植体表面脱离而留下较大的空洞。对于 UMAO 种植体，由于在 4 周时就发生了骨与种植体的融合，扩散进入骨中的镁发生了降解，还没有生成新骨，因而在远离种植体界面处位置形成了空洞。此时 UMAO 种植体也发生了较快的降解，使得骨的生长速率落后于种植体的降解，但是两者的差距并不大。

种植12周组中，图6-4（c）、（g）、（k）分别为 MAO、MAO-ED 和 UMAO 种植体与骨界面结合情况。MAO 种植体与骨之间产生了较为紧密的结合，同时可以观察到界面处形成了絮状的腐蚀产物，种植体与原始骨之间存在一层较宽的疏松的骨组织，说明新骨已经发生了矿化。MAO-ED 种植体降解速率较快，种植体的直径明显减小，同时在远离种植体的位置也形成了小空洞。UMAO 种植体与骨直接形成了良好的骨结合，但是在局部位置上也形成了较大的空洞，空洞与种植体之间存在腐蚀产物。

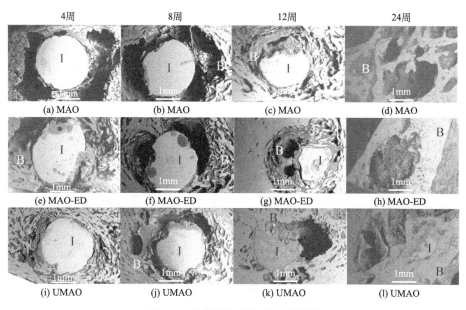

图 6-4　种植体与骨扫描电镜形貌

种植24周组中，图6-4(d)、(h)、(l)分别为 MAO、MAO-ED 和 UMAO 种植体与骨界面结合情况。尽管 MAO 和 MAO-ED 种植体降解速度增加使得骨重建的速度增加，但是降解速度的过快又使得新骨的形成与种植体降解不匹配，从而致使到了24周时种植体发生了完全降解，而创伤骨并没有完全愈合。但是 MAO-ED 种植体位置处生成了类质骨，这与前期涂层中存在 Ca、P 活性离子有直接关系，即 Ca、P 活性涂层只是延缓了 MAO 镁合金的降解。UMAO 种植体与骨保持紧密结合状态，种植体体积较小但是没有发生完全降解，同时12周时种植体周围形成的空洞明显减小，说明此时发生骨的重建。

6.5.2.2 种植体与骨界面处元素分析

（1）4 周种植体与骨界面元素分布　由于在种植体植入 4 周时，MAO 组中仅有少量的骨种植体结合界面，因此对该界面进行元素分布分析。由图 6-5 所示面扫描能谱分析可知，MAO 组在 4 周时有少量的新生骨生成。所选择的矩形区域中不含有 Mg，但是含有 O，同时 Ca、P 元素含量很高，说明该位置处为新生骨层。

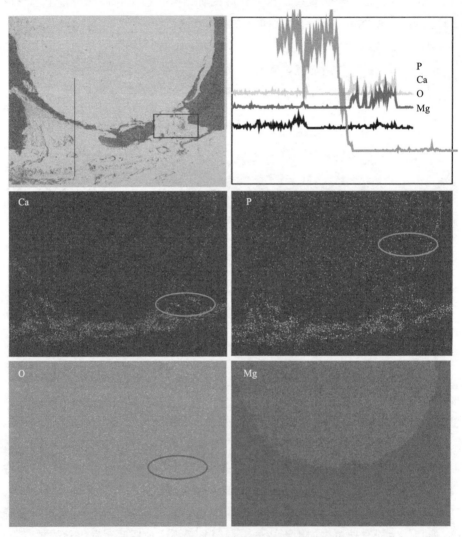

图 6-5　4 周 MAO 种植体的面扫描及线扫描

为了评定骨组织区域中灰色区和亮区骨成熟度，利用能谱分析区域成分，其结果见图 6-6。表 6-1 为 4 周 MAO 种植体与骨不同位置的元素分布。

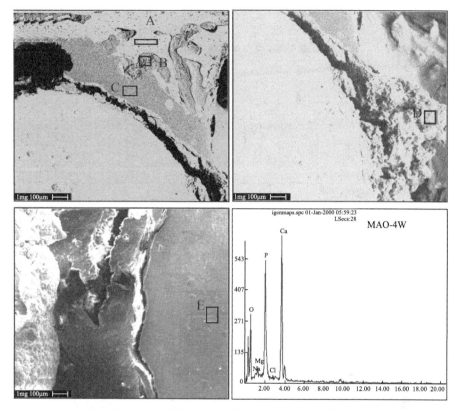

图 6-6　4 周 MAO 种植体与骨结合界面处能谱

　　A 处为距离种植体较远处的骨组织，其各元素含量（原子分数）为 Mg 1.73%、O 43.89%、C 20.67%、Ca 19.63%、P 14.08%，氧元素含量较高，但是镁元素含量很少，同时碳、钙和磷元素含量均较高，钙磷比为 1.39，说明此位置为矿化程度很高的原始骨组织。B 处各元素含量（原子分数）为 Mg 3.47%、O 43.96%、C 41.8%、Ca 5.35%、P 5.42%，相比于 A 处，该位置的镁含量增加，碳元素含量增加大约 1 倍，而钙和磷元素的含量约为原始骨的 1/3，说明该区域为新生的骨组织。C 处各元素含量（原子分数）为 Mg 5.26%、O 54.2%、C 34.12%、Ca 4.03%、P 2.39%，与 B 处相比较，镁和氧元素含量增加，碳元素含量略有下降，而钙、磷元素含量也略有降低，说明该灰色区域为以氧化镁为主的正在生成的骨。为了确定絮状物质的成分，对 D 处的成分分析结果显示：各元素含量（原子分数）为 Mg 11.51%、O 48.75%、C 25.61%、Ca 7.88%、P 6.25%。由于镁的含量较高，且钙和磷的含量较 B 和 C 处均高，说明絮状物主要为镁的腐蚀产物，该产物正在转化为骨组织。区域能谱分析表明 MAO 组在种植 4 周时，种植体与骨之间发生了局部融合。同时 E 处即基体材料的成分除了含有 78.72％的镁元素外，还含有少量的 C、Ca、P，这说明种植体在植入动物体内一定时间后，由于离子的吸收和释放其成分也会发生改变。

表 6-1　4 周 MAO 种植体与骨不同位置的元素分布

位置	元素含量(原子分数)/%				
	Mg	O	C	Ca	P
A	1.73	43.89	20.67	19.63	14.08
B	3.47	43.96	41.8	5.35	5.42
C	5.26	54.2	34.12	4.03	2.39
D	11.51	48.75	25.61	7.88	6.25
E	78.72	18.20	2.23	0.17	0.68

图 6-7 为 4 周 MAO-ED 种植体的面扫描及线扫描，从种植体与骨结合界面处的线扫描可知，在界面处 C 元素含量很高，说明在界面处有新骨生成。

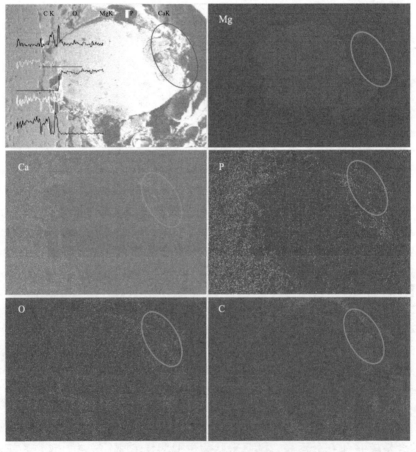

图 6-7　4 周 MAO-ED 种植体的面扫描及线扫描

剩余种植体表面的 Ca、P 含量相对较低。椭圆区域含有少量的镁元素，而 Ca、P 含量相对较高、C 和 O 元素含量相对较高，说明此界面处生成了新骨。

图 6-8 中标记的各区域所对应的元素含量见表 6-2。从各个区域碳元素的含量看，灰色区域 A 和 C 为正在成骨区，白色区域 B 为成熟度较高的已成骨区。在骨种植体界面处的骨内表现出骨的形成生长并不是均匀的，先形成骨的位置再次生长出新骨，所以出现两种碳含量相差较多的骨即 B 和 C。因此在空洞的位置随着时间的延长可以再生骨，最后形成结构完整的骨组织。

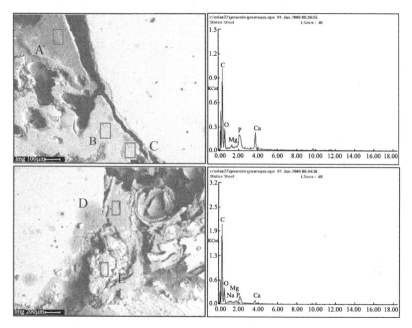

图 6-8　4 周 MAO-ED 种植体与骨结合界面处能谱

表 6-2　4 周 MAO-ED 种植体与骨不同位置元素分布

位置	元素含量(原子分数)/%				
	Mg	O	C	Ca	P
A	1.79	46.20	40.67	6.49	4.86
B	5.23	48.37	21.8	11.95	12.15
C	1.78	47.74	45.12	2.98	2.37
D	3.64	46.72	45.61	2.28	1.75
E	20.55	38.73	33.04	1.38	1.45

图 6-9 为 4 周 UMAO 种植体的面扫描及线扫描。线扫描结果显示界面处碳、钙和磷元素含量均很高。面扫描中矩形区域中镁发生明显的降解，而且钙、磷元素的含量很高，说明此位置形成了新骨。图 6-10 为 4 周 UMAO 种植

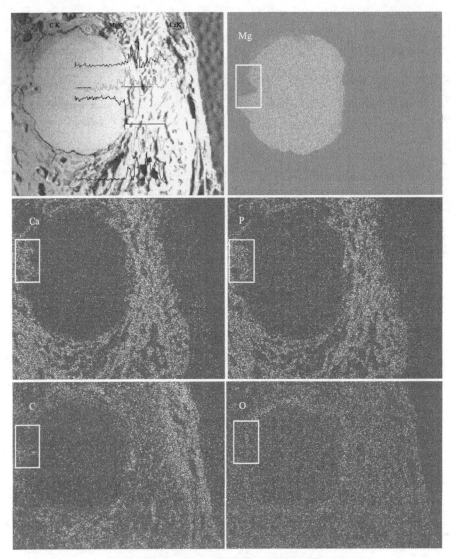

图 6-9   4 周 UMAO 种植体的面扫描及线扫描

体与骨结合界面处能谱分析，对应的各点不同元素含量见表 6-3。由 A、B 两处的碳元素含量比较可知，A 处为成熟骨组织，而 B 处为降解的腐蚀产物已经形成了新骨，并且正在发生矿化。从 1～4 各区域中各种元素含量比较可知，与种植体界面接触处的原始骨组织，随着种植体的不断降解，有新骨形成，形成的新骨与种植体的降解产物相融合，融入骨组织中的降解产物已经形成新骨，即类质骨。

表 6-3 4 周 UMAO 种植体与骨不同位置元素分布

位置	元素含量(原子分数)/%				
	Mg	O	C	Ca	P
A	0.88	48.11	14.78	20.70	15.53
B	5.23	48.37	21.8	11.95	12.15
1	49.68	39.38	8.67	0.65	1.63
2	29.77	43.49	6.07	10.29	10.37
3	1.70	49.64	41.16	4.12	3.38
4	1.43	34.91	5.23	37.81	20.63

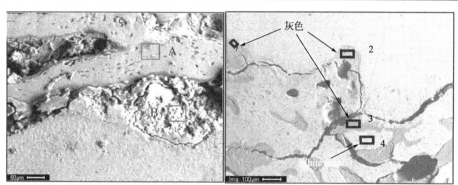

(a) 选区

(b) 选区 ESD

图 6-10 4 周 UMAO 种植体与骨结合界面处能谱分析

（2）8 周种植体与骨界面元素分布 图 6-11 为 8 周种植体与骨结合界面处能谱分析，其各处的元素含量见表 6-4。由于在 8 周时 MAO 种植体降解速度过快，致使在种植体与骨之间留有较大的空洞。仅仅在种植体局部位置有新

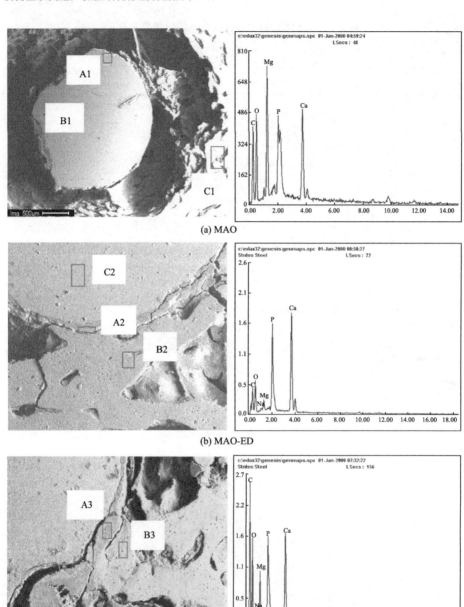

(a) MAO

(b) MAO-ED

(c) UMAO

图 6-11　8 周种植体与骨结合界面处能谱分析

物质生成，图中 A1、B1 和 C1 的元素含量分布大小表明基体材料的成分也发生了改变，B1 位置为新生骨，其钙、磷含量较高，而 C1 处为钙、磷含量更高的原始骨组织。

表 6-4　8 周 MAO、MAO-ED 和 UMAO 种植体元素分布

位置	元素含量(原子分数)/%				
	Mg	O	C	Ca	P
A1	92.16	4.79	2.13	0.33	0.58
B1	21.30	40.49	17.42	11.67	9.12
C1	1.66	53.20	15.17	17.69	12.28
A2	21.94	58.02	9.49	5.58	4.97
B2	3.09	52.82	10.15	18.32	14.45
C2	88.96	08.17	2.56	0.21	0.19
A3	6.83	50.40	24.94	9.35	8.48
B3	1.63	50.76	12.55	19.85	14.49

　　8 周 MAO-ED 种植体与骨之间存在一层降解层，从该处的碳、钙和磷元素含量可知该层主要是种植体的降解产物，并且该产物正处于钙化期，开始形成新骨。B2 处为成熟度较高的新骨，钙、磷元素含量较高。C2 处为种植体材料，同样发生了离子的吸收和释放。

　　8 周 UMAO 种植体与骨之间同样存在一层降解层，A3 处的碳、钙和磷元素含量表明该层主要是种植体的降解产物，并且该产物形成新骨。B3 处为成熟度较高的新骨，钙、磷元素含量较高。

　　(3) 12 周种植体与骨界面元素分布　图 6-12 中各个区域的各种元素的含量值见表 6-5。

　　MAO 种植体组中 A1 和 B1 处钙、磷元素的含量较高，且 A1 和 B1 处的钙磷比均约为 1.5，该值接近于成熟骨中的钙磷比。A1 处与 B1 处相比，钙、磷元素的含量降低，但是碳元素的含量增加，说明 A1 处为新生骨，其通过不断的骨盐沉积，使其无机质的含量增加，并逐渐向成熟骨转化，B1 处骨接近于成熟骨。C1 处碳、氧元素为主要成分，含有微量的镁、钙和磷元素，说明种植体与发育成熟的骨之间的降解产物几乎完全分解，镁离子被代谢或者部分被骨吸收，而其余的无机质物质用于成骨，此时开始成骨。D1 处与种植体紧密接触，该处无机质含量较高，而且钙磷比高达 2.62，这是骨形成的一个良好的信号。E1 处基体碳、氧元素含量较高，并含有少量的钙、磷元素，也说明了骨组织与种植体之间发生了离子交换。MAO-ED 种植体组中，A2、B2、C2 位置中镁和氧元素含量依次增加，碳含量依次降低。A2 和 B2 处的钙和磷元素含量较高，其钙磷比分别为 1.60 和 1.50。C2 处镁含量较高，碳元素含量相对 A2 和 B2 处低，说明此处以镁的腐蚀产物为主体，并伴有少量的新生骨。UMAO 种植体中 A3 处为类质骨，B3 处为发育成熟的骨组织。

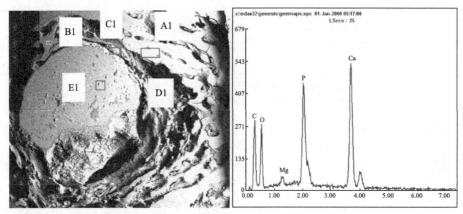

(a) MAO

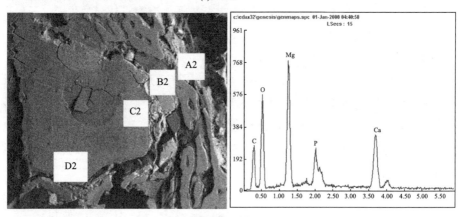

(b) MAO-ED

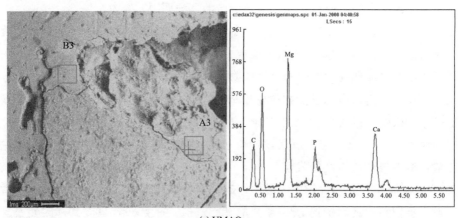

(c) UMAO

图 6-12　12 周种植体与骨结合界面处能谱

表 6-5 12 周 MAO、MAO-ED 和 UMAO 种植体元素分布

位置	元素含量(原子分数)/%				
	Mg	O	C	Ca	P
A1	0.75	37.26	39.69	13.37	8.93
B1	0.79	28.85	57.42	7.75	5.19
C1	0.31	23.29	75.17	0.80	0.44
D1	1.96	37.74	47.33	9.39	3.59
E1	71.71	11.63	15.71	0.36	0.59
A2	0.66	24.94	58.81	9.61	5.98
B2	1.47	33.71	47.18	10.74	6.90
C2	10.40	38.31	45.21	3.75	2.32
D2	20.78	36.01	38.33	3.82	1.06
A3	10.42	50.20	22.98	8.95	7.44
B3	2.25	51.79	6.35	22.99	16.63

（4）24 周种植体与骨元素面分布　图 6-13～图 6-15 分别为 24 周 MAO、MAO-ED 和 UMAO 种植体与骨能谱面扫描分析。MAO 种植体在 24 周时已经完全降解，而且在种植原始位置处形成了一个较大的空洞。

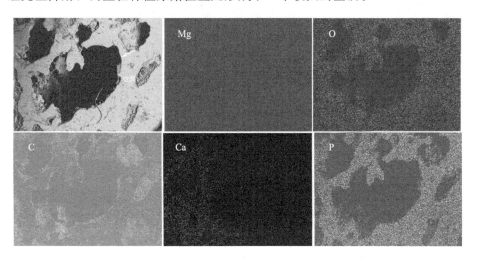

图 6-13 24 周 MAO 种植体与骨能谱面扫描分析

由各种元素的分布情况可知，MAO 种植体在降解过程中，发生了不均匀的降解，不规则的新骨组织侵入了植入区。MAO-ED 种植体在 24 周时也已经完全降解，从元素的面扫描结果显示种植原始位置处生成了类骨组织，而且已经形成了规则的骨组织。UMAO 种植组中，种植体并没有完全降解，而且剩余种植体与新生骨之间结合紧密，有利于提高骨的机械稳定性。剩余种植体中，即椭圆区域内氧元素的含量高于骨组织，碳元素含量也很高，这说明种植

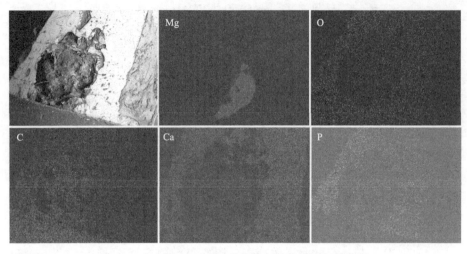

图 6-14　24 周 MAO-ED 种植体与骨能谱面扫描分析

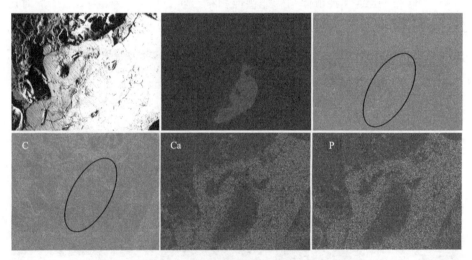

图 6-15　24 周 UMAO 种植体与骨能谱面扫描分析

体成分发生了改变，在其降解过程中有利于新骨的形成及矿化。

6.5.3　种植体与骨结合区口腔 CT 分析

在断裂骨修复的过程中，新骨的形成被认为是一个有利于断裂骨的愈合的信号。种植期间内由于生成了矿化不完全的愈合组织或者形成了空隙将会使骨密度降低。因此利用口腔 CT 研究骨相对密度，评价不同种植体在 4 周、8 周和 12 周三个时间点与种植体接触的密质骨与骨髓对种植体的生物响应，同时该 CT 图像提供了种植体的降解过程，可以测量出与密质骨接触的种植体的直径，计算种植体横截面积的损失率，进而获得种植体的降解速率。图 6-16 为种植体与骨接触的口腔 CT 形貌。种植体与骨之间的空隙较大，由 CT 形貌图中相对密度大小可以知道，原始骨的平均相对密度为 1350±10，种植体的平均相对密度为 605±15，空隙的平均相对密度为－305±10，新生骨的平均相对密度为 245＋23，与种植体发生反应的骨平均相对密度为 960±13。

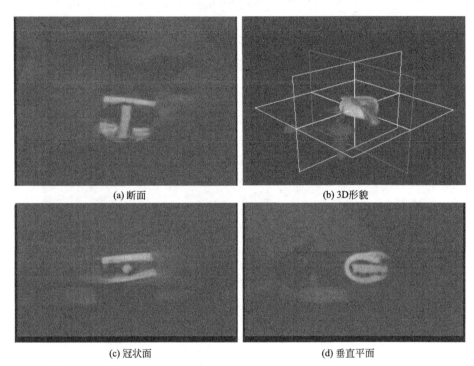

(a) 断面　　　　　　　　　　　　　　(b) 3D形貌

(c) 冠状面　　　　　　　　　　　　　(d) 垂直平面

图 6-16　种植体与骨接触的口腔 CT 形貌

MAO 种植体、MAO-ED 种植体和 UMAO 种植体与骨结合的 CT 形貌见图 6-17～图 6-19。

MAO 种植体与骨结合的 CT 形貌见图 6-17，在髓腔内，种植体与骨之间形成了新骨，说明此时 MAO 种植体具有很高的生物活性，主要是 Mg^{2+} 能够促进新骨的形成。种植体与骨之间生成了少量的新骨，但是过量的镁浓度及 pH 值的改变降低了骨细胞的活力，从而导致种植体周围的骨形成量较少，种植体与骨之间的空隙较多，这也说明种植体降解速度大于骨生长速度。MAO 种植体与 UMAO 和 MAO-ED 种植体相比较，由于表面较多的裂纹在前 8 周时 Mg^{2+} 游离较快，同时表面含有的钙、磷元素相对少，因而骨的正常生理反应受到阻碍，但是正是由于 Mg^{2+} 的快速游离在 MAO 种植体表面形成了腐蚀产物对种植体进行了保护，其体

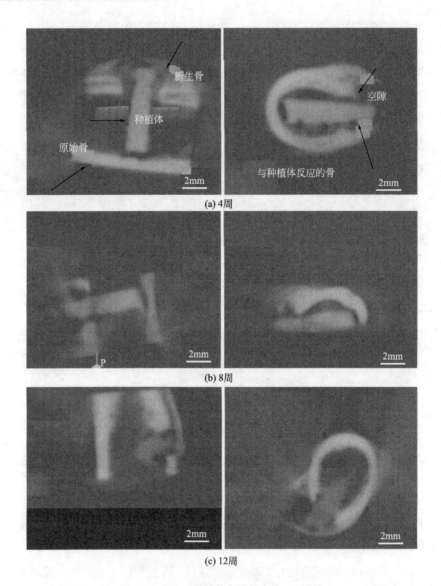

(a) 4周

(b) 8周

(c) 12周

图 6-17　MAO 种植体与骨结合的 CT 形貌

积减少得相对小。低的相对密度是降解层的形成信号，同时由于一些离子的释放和吸收，镁合金的成分也会发生改变，该结果与能谱分析结果一致。在种植体与骨结合处生成物的相对密度介于种植体和骨之间，此时种植体发生降解后正在向骨组织转化。密质骨外侧形成了一层骨组织。在种植 8 周时，种植体与骨结合位置处的空隙增大，并可见密质骨处形成了明显的骨痂，主要原因是镁与体液快速反应生成了较多的 H_2 而影响骨的正常生理反应。在 8 周时种植体的降解与骨生长的不匹配使

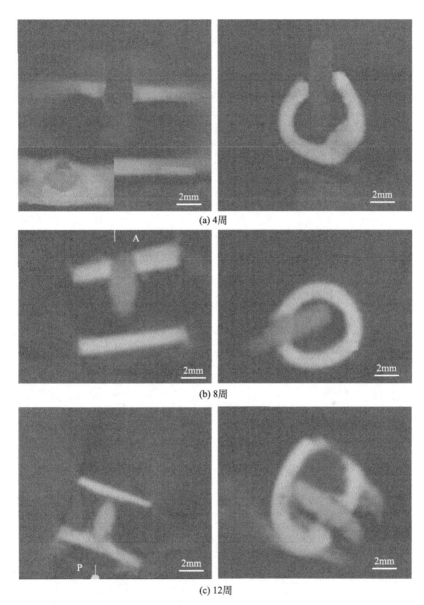

(a) 4周

(b) 8周

(c) 12周

图 6-18　MAO-ED 种植体与骨结合的 CT 形貌

得在 4 周时形成的新骨与种植体发生分离。在 12 周时可见密质骨与皮肤之间形成了一层新骨，同时种植体与骨之间的结合性增加。

　　MAO-ED 种植体与骨在整个种植的 12 周内均表现出良好的骨结合生长，达到了骨生长与种植体降解速率的匹配。在 12 周时明显可见髓腔内的种植体与骨之间形成了新骨。MAO-ED 种植体表面中的活性钙、磷元素促进新骨形成，在最初的

8周内主要是表面的活性涂层起到主要作用，在12周组中由于表面活性的钙、磷涂层降解或者被吸收完全后，种植体中Mg^{2+}的释放速度有所增加，因此可见明显的皮质骨内膜生成。

图6-19是UMAO种植体与骨结合的CT形貌。UMAO组由于其耐蚀性

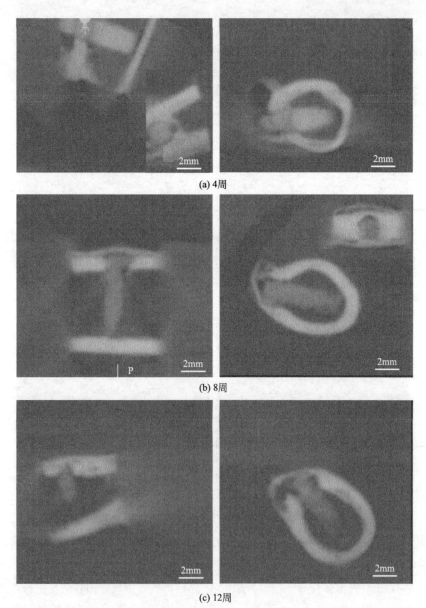

(a) 4周

(b) 8周

(c) 12周

图6-19 UMAO种植体与骨结合的CT形貌

能较好，其产生的 H_2 量少，因而对骨生长产生的副作用减小，使得种植体与骨之间形成骨痂的概率减小，并且种植体与骨之间的接触紧密，在种植体与骨接触的位置处有种植体与骨的融合区，该结果与 4 周时 SEM 结果相符合。UMAO 种植体促进骨生长主要是由于表面 Ca、P 元素含量增加，Ca、P 活性物质有效地促进骨的钙化沉积。

6.5.4 种植体降解稳定性

根据扫描电镜中种植体与骨结合区的种植体平均直径和 CT 形貌中骨与种植体结合处种植体直径大小，将三种种植体在不同种植时间与密质骨接触的直径统计值列于表 6-6 中。根据直径大小计算与密质骨接触的种植体的降解速率其值见图 6-20。

表 6-6　种植体与密质骨接触的直径

种植时间/周	样本数 n	MAO	UMAO	MAO-ED
		直径/mm		
4	8	1.75±0.015	1.68±0.043	1.75±0.031
8	8	1.74±0.021	1.59±0.038	1.74±0.028
12	8	1.36±0.035	1.36±0.018	1.67±0.043
24	4	0	1.36±0.022	0

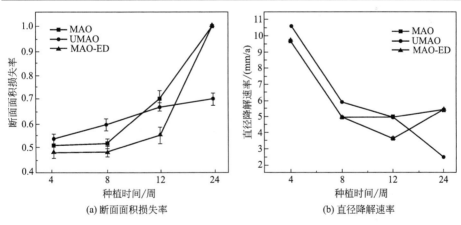

(a) 断面面积损失率　　　　　　　(b) 直径降解速率

图 6-20　MAO、MAO-ED 和 UMAO 种植体降解速率

MAO 种植体由于其表面缺陷数量较多，在种植初期处于较弱的骨形成状态。在植入 4 周、8 周和 13 周时，其对应的横截面积分别为 49%、48.2% 和 29.6%，在降解的后期 24 周时，已经完全降解，但是降解区内与骨之间残留了一个较大的空洞，这将使得骨的力学稳定性受到影响。

MAO-ED 种植体尽管由于活性钙、磷元素的作用，在骨形成初期起到了重要作用，但是一旦钙、磷活性物质溶解完全后，其骨的生长就会受到限制。植入 4 周、8 周和 12 周时对应的种植体与骨接触处的横截面积分别为 48.9%、48.8%和 44.7%。而在 24 周的 SEM 结果中可以知道，在缺损骨还没有完全愈合时，种植体已经降解完全但是还没形成矿化完全的新骨。

UMAO 种植体的降解速率高于其余两组种植体，种植前 8 周内与 MAO 和 MAO-ED 种植体相比较其具有较快的降解速度，扫描电镜和 CT 结果说明该种植体骨响应能力较强。其在 4 周和 8 周时与骨接触处横截面积大小分别为 45%和 40.5%。但是在整个种植的 24 周过程中，UMAO 种植体保持着均匀缓慢的降解，为细胞生长、增殖以及骨矿化提供了良好的空间，以保持腐蚀产物被缓慢代谢。

6.5.5 骨组织病理分析

种植体和骨组织响应的评价基础除了 CT、SEM 外，还有术后的常规检查和病理检查。术后的常规检查所有的动物表现很好，活动自如，正常进食。伤口处可见轻度红肿，但是术后一周内所有炎症均消失，伤口无感染。

图 6-21～图 6-23 为植入体发生降解后产生的生物响应的 HE 染色结果的放大 40 倍和 100 倍的光学显微镜照片。图 6-21 为 MAO 种植体在三个种植时间点的 HE 染色结果，MAO 对照组在 4 周时骨种植体界面处形成一层纤维结缔组织，种植体表面形成了显微骨组织环境。同时种植体与骨接触的界面处可见血管，能够为原骨细胞的分裂提供营养和养分。MAO 的 8 周组中界面处形成了显微骨痂区，仍然没有形成骨。结合 CT 图可知，在种植前 8 周时，先形成了少量的骨组织，但是伴随着种植体的降解，先形成的骨组织与种植体表面发生分离，因此骨细胞失去了骨传导基质。种植 12 周时，可见皮质骨形貌。

图 6-22 为 MAO-ED 种植体在三个种植时间点的 HE 染色结果。MAO-ED实验组在 4 周时，界面处血管丰富形成了纤维组织，向内侧可见规则的骨钙化线，骨细胞沉入骨基质中，形成较大的骨陷窝，骨小梁接触面积大。同时可见较大的肥大的软骨细胞发生凋亡后留下骨陷窝，此时已经形成骨化中心，由骨界面接触处向成骨方向可见正在建成的哈弗骨板。MAO-ED 种植体在 8 周时，界面处纤维结缔组织消失，骨小梁呈岛状分布，骨仍然处于哈弗骨板的改建。MAO-ED 种植体在 12 周时，可见哈弗骨板正建成区，但是并没有见到哈弗骨板建成区。

图 6-23 为 UMAO 种植体在三个种植时间点的 HE 染色结果。UMAO 种

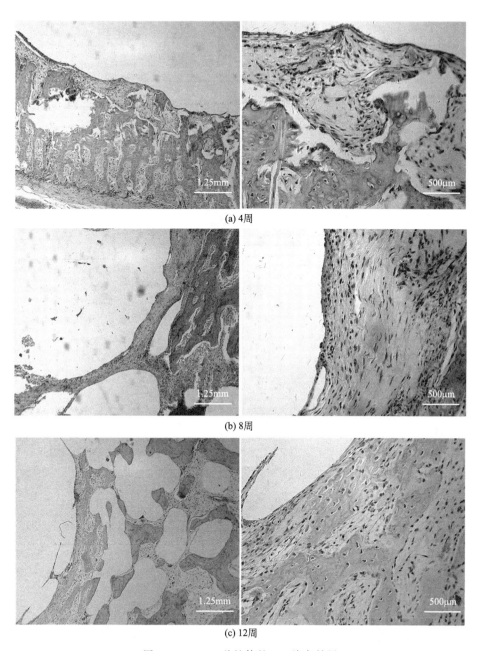

(a) 4周

(b) 8周

(c) 12周

图 6-21　MAO 种植体的 HE 染色结果

植体在 4 周时处于软骨周骨化阶段，种植体与骨接触界面软骨膜内出现血管，
软骨膜深层的骨原细胞分裂并分化成成骨细胞，成骨细胞在软骨表面产生类骨
质且没入其中，形成了骨细胞。UMAO 种植体在 8 周时处于软骨周骨化后期，

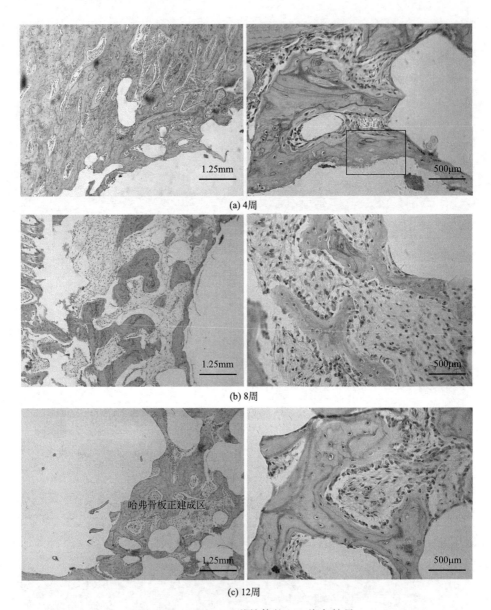

图 6-22 MAO-ED 种植体的 HE 染色结果

类质骨钙化为骨基质，形成了骨领形貌的初级骨松质，并且形成了骨化中心，钙化线明显。12 周时，骨小梁连成片，接触区增大，可见肥大的软骨细胞发生凋亡后形成的骨陷窝，形成密质骨并形成了哈弗骨板。

12 周内的 HE 染色结果表明：MAO 对照组中可见编织骨形貌；MAO-ED实验组由骨界面接触处向成骨方向可见正在建成的哈弗骨板；

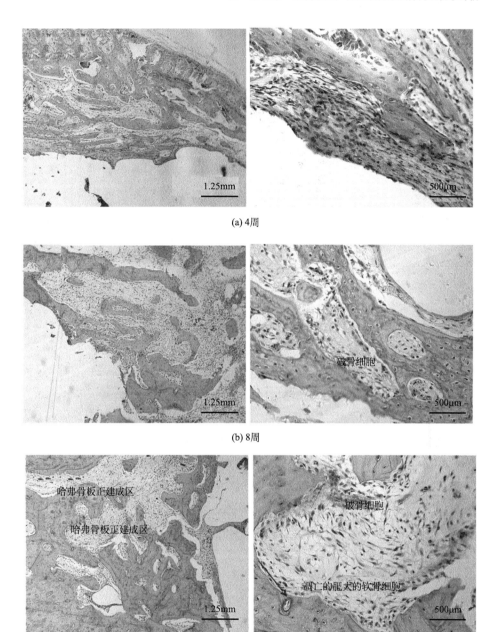

(a) 4周

(b) 8周

(c) 12周

图 6-23　UMAO 种植体的 HE 染色结果

UMAO 种植体骨小梁连成片，接触区增大，可见肥大的软骨细胞发生凋亡后形成的骨陷窝，形成密质骨并形成了哈弗骨板。

6.6　涂层成骨能力分析

镁合金种植体经过微弧 MAO、UMAO 和 MAO-ED 处理后其耐蚀性能和生物活性明显地提高。经过 12 周对骨的亚慢性反应研究表明，UMAO 植入体保持均匀的降解速率，在种植 12 周时可见成熟骨生成，种植体并未完全降解且与骨紧密接触。MAO-ED 种植体虽然在植入前 8 周内成骨速度最快，但是 8 周以后骨生长滞后，到 12 周时种植体已经完全降解，骨形成仍处于哈弗骨板正建成阶段。MAO 种植体中此时仅可见编织骨形貌，骨形成速度最慢。

可降解镁合金种植体中对生物反应起重要作用的是 Mg^{2+}，Mg^{2+} 的溶出速率及浓度对植入体周围细胞环境产生重要影响，合适浓度的 Mg^{2+} 能够促进新骨的形成，但是过量的 Mg^{2+} 及环境 pH 值的改变将会降低骨细胞的活力，从而导致植入体周围骨形成数量少、骨形成速度慢。对于 MAO 植入体由于其表面层中裂纹等缺陷数量较多，因而在种植初期 Mg^{2+} 游离速度较快，使得骨的正常生理反应受到限制。MAO-ED 植入体中表层的活性钙磷涂层在植入前 8 周时对于新骨的生成起到了主要作用，但是当活性的钙磷层降解或者被吸收完全后，植入体中 Mg^{2+} 发生了游离反应，因而从植入 8 周后骨生长速度减慢直至 12 周时新骨形成仍然处于哈弗骨板正建成阶段。UMAO 植入体由于其表层裂纹缺陷少，而且致密层厚度较 MAO 植入体大，致密层与基体之间形成了一个较宽的重熔非枝晶区，此结构有效地增加了该植入体地耐蚀性能，因此，在植入期间 Mg^{2+} 释放速度慢、产生的 H_2 的数量少，对骨的生成产生的副作用小，种植体与骨之间紧密接触，种植体与骨之间形成了融合区。同时 UMAO 涂层中含量增加的活性钙、磷元素促进新生成骨的钙化沉积，加速骨形成进程，在植入 12 周时已经处于哈弗骨板建成区。根据 12 周的 HE 染色结果以及种植体与骨界面 CT 和 EDS 分析可知，植入 4 周时 MAO、MAO-ED 和 UMAO 组中骨形成分别处于血管增生、哈弗骨板正建成、骨细胞形成阶段，植入 8 周时 MAO、MAO-ED 和 UMAO 组中骨形成分别处于骨细胞失去骨基质、哈弗骨板正建成、哈弗骨板建成阶段。种植体植入 8 周内骨形成能力大小关系为 MAO-ED＞UMAO＞MAO，植入 8～12 周时骨形成能力大小关系为 UMAO＞MAO-ED＞MAO。由植入 24 周时植入体与骨接触横截面的 SEM 结果可知，MAO 植入体已经消失后留有较大空洞；MAO-ED 植入体降解完全但是降解产物正在转化成骨；UMAO 植入体体积仍然保留 29.5% 并且植入体与骨紧密接触。对于微弧氧化镁合金种植体材料，其表面及界面结构和生物活性共同决定材料的成骨能力及骨形成过程。

6.7 本章小结

通过对 MAO、MAO-ED 及 UMAO 三种种植体动物体内种植实验研究获得实验结果如下：

（1）尿液及血液中镁离子浓度结果表明，降解的镁主要是通过肾脏以尿液的形式排出体外，UMAO 组中血液中镁离子的浓度均在参考范围内，而 MAO 组中 13 周和 15 周时镁离子的浓度超出参考值，MAO-ED 组在 15 周时镁离子浓度也超出参考值。

（2）种植体与骨界面处的 SEM、CBCT 及 EDS 分析表明，种植体植入 8 周内骨形成能力大小关系为 MAO-ED＞UMAO＞MAO，植入 8～12 周时骨形成能力大小关系为 UMAO＞MAO-ED＞MAO。12 周时的 HE 染色中 MAO 对照组中仅可见编织骨形貌；MAO-ED 实验组由骨界面接触处向成骨方向可见正在建成的哈弗骨板；UMAO 种植体骨小梁连接成片，接触区增大，可见肥大的软骨细胞发生凋亡后形成的骨陷窝，形成密质骨并形成了哈弗骨板。

（3）植入 12 周时 MAO、MAO-ED 和 UMAO 种植体与骨接触横截面积分别为 29.6％、44.7％和 29.8％。24 周时 UMAO 种植体剩余 29.5％，而 MAO 和 MAO-ED 两种种植体发生完全降解，失去承载能力。UMAO 种植体保持稳定均匀的降解。

◆◆ 参考文献 ◆◆

[1] Witte F，Fischer J，Nellesen J，et al. In vivo corrosion and corrosion protection of magnesium alloy LAE442 [J]. Acta Biomaterials，2010，6：1792-1799.

[2] Witte F，Fischer J，Nellesen J，et al. In vitro and in vivo corrosion measurements of magnesium alloys [J]. Biomaterials，2006，27（7）：1013-1018.

[3] Hänzi A C，Gerber I，Schinhammer M，et al. On the in vitro and in vivo degradation performance and biological response of new biodegradable Mg-Y-Zn alloys [J]. Acta Biomaterials，2010，6：1824-1833.

[4] Kraus T，Fischerauer S F，Hänzi A C，et al. Magnesium alloys for temporary implants in osteosynthesis：In vivo studies of their degradation and interaction with bone [J]. Acta Biomaterialia，

2012, 8: 1230-1238.

[5] Reifenrath J, Krause A, Bormann D, et al. Profound differences in the in-vivo-degradation and bio-compatibility of two very similar rare-earth containing Mg-alloys in a rabbit model [J]. Materials Science Engineering Technology, 2010, 41: 1054-1061.

[6] Jutta Hein, Katrin Hartmann. Reference ranges for laboratory parameters in rabbits [J]. Tierärztliche Praxis Kleintiere, 2003, 5: 321-328.

[7] Tschegg E K, Lindtner R A, Doblhoff-Dier V, et al. Characterization methods of bone-implant-interfaces of bioresorbable and titanium implants by fracture mechanical means [J]. Journal of themechanical behavior of biomedical materials, 2011, S4: 766 -775.

[8] Xu L P, Pan F, Yu G N, et al. In vitro and in vivo evaluation of the surface bioactivity of a calcium phosphate coated magnesium alloy [J]. Biomaterials, 2009, 30: 1512-1523.

[9] Dina D, Andrea M L, Jan M S, et al. Long-term in vivo degradation behaviour and biocompatibility of the magnesium alloy ZEK100 for use as a biodegradable bone implant [J]. Acta Biomaterialia, 2013, 9: 8543-8560.

[10] Zreiqat H, Howlett C R, Zannettino A, et al. Mechanisms of magnesium-stimulated adhesion of osteoblastic cells to commonly used orthopaedic implants [J]. Journal of Biomedical Materials Research, 2002, 62: 175-184.

[11] Song G L, Atrens A. Understanding magnesium corrosion-a framework for improved alloy performance [J]. Advanced Engineering Materials, 2003, 5 (12): 837-858.

第 7 章

超声微弧氧化含氮氧化镁涂层的制备与研究

7.1 引言

在骨内固定应用中，随着断裂骨的修复，愈合骨的机械强度相应地增加，理想的骨种植体应该使自身强度降低而适应骨的愈合过程。进入 21 世纪，可降解镁及其合金逐渐作为医用金属材料领域的新研究方向。近年来，微弧氧化技术在镁合金表面涂层中得到广泛使用，以提高镁合金的耐蚀性能等。但是形成的氧化镁膜层不具备生物活性，为了进一步提高微弧氧化镁合金生物涂层的活性和力学性能，诸多学者采用多级复合的方法。超声微弧氧化技术在降低生物镁合金的耐蚀性与提高生物活性方面具有显著效果。因此，本研究利用超声微弧氧化方法对医用镁合金进行表面处理，利用超声调控材料的表面结构，通过改型的电解液原位形成具有良好生物活性的含氮氧化镁膜。含氮氧化镁膜层的制备近十年来应用最为广泛的技术之一是磁控溅射沉积，该方法制备的膜层所需的沉积温度低，可以满足镁合金低工艺温度的要求，但是该工艺相比于微弧氧化方法具有工艺复杂、设备昂贵、耗能高、生产周期长的缺点。何祥等人采用微弧氧化方法制备了 AlN 陶瓷膜层，改善了材料的耐磨性能。

本章就含氮氧化镁膜层的制备及体外生物活性进行了研究，通过改型的电解液原位形成具有优异的力学性能和与骨修复过程匹配的降解速率的氧化镁-氮化镁复合膜层。

7.2 试验材料及方法

将尺寸为 $10\text{mm} \times 10\text{mm} \times 2\text{mm}$ 的纯镁片分别使用 500 目、800 目、1000 目和 1500 目的砂纸打磨平整光亮，使用无水乙醇超声清洗机清洗 5min 后晾干备用。试样作为微弧氧化的阳极，不锈钢电解槽作为阴极，电解槽内盛放 1L 电解液，其组成为：Na_2SiO_3 12g/L，NaOH 8g/L，NaF 6g/L，$CO(NH_2)_2$（5g/L、10g/L 和 15g/L）。共制备四组试样，每组 3 个试样。将微弧氧化后的试样用蒸馏水清洗后晾干称重，重量记为 W_1。

将表 5-1 中的试剂依次溶解在盛有 1L 蒸馏水的烧杯中，并用超声仪振荡和玻璃棒搅拌至清澈制备模拟体液，调节 pH 值为 7.55。将超声微弧氧化四组试样置于温度为 37℃的模拟体液中 21d，每 3d 更换一次模拟体液，并且每次更换后的 9h、24h、28h 和 72h 为一个周期测其 pH 值，将 7 个周期内的每个时间点所测的 pH 值取平均值。浸泡 21d 后取出试样，清除其表面的腐蚀产物后称重，其重量记为 W_2，根据 $[(W_2-W_1)/W_1]\times100\%$ 公式计算各组试样的失重率。

7.3 超声微弧氧化镁合金涂层的表面形貌及元素分析

图 7-1 为基础电解液（硅酸钠 12g/L，氢氧化钠 8g/L，氟化钠 6g/L）制备的超声微弧氧化镁合金涂层的表面形貌及能谱，涂层表面的孔径分布不均，涂层主要以 MgO 为主。

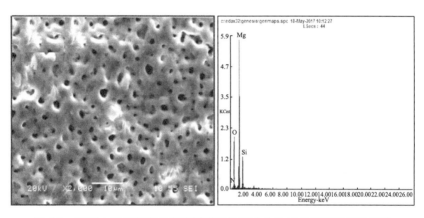

图 7-1 基础电解液制备的超声微弧氧化镁合金涂层的表面形貌及能谱

图 7-2（a）为基础电解液中添加浓度为 5g/L 的尿素所制备涂层的表面形貌和能谱，涂层表面的孔径较未添加尿素的更均匀，MgO 涂层中引入了氮元素，氮元素的质量分数为 1.7%。

图 7-2（b）和图 7-2（c）分别为基础电解液中添加 10g/L 和 15g/L 的尿素所制备涂层的表面形貌和能谱，涂层表面的孔径较 5g/L 尿素添加量的增加，MgO 涂层中引入氮元素质量分数增加到 2.10% 和 2.11%。当电解液中尿素含量达到 15g/L 时涂层表面形成了连通的孔，并且有裂纹产生，氮元素含量与电解液中尿素含量为 10g/L 的涂层的氮含量相近。

随着尿素含量由 0g/L 增加到 15g/L，膜层的孔径变得均匀，且涂层中的氮的质量分数由 0% 增加到 2.11%，但当尿素含量大于 10g/L 后，涂层中氮元素含量增加不大，且涂层表面有通孔及裂纹生成。

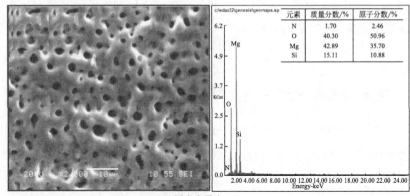

元素	质量分数/%	原子分数/%
N	1.70	2.46
O	40.30	50.96
Mg	42.89	35.70
Si	15.11	10.88

(a) 尿素含量为5g/L

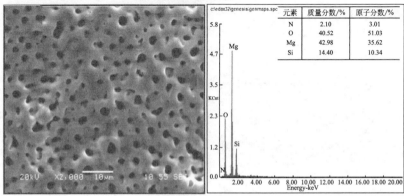

元素	质量分数/%	原子分数/%
N	2.10	3.01
O	40.52	51.03
Mg	42.98	35.62
Si	14.40	10.34

(b) 尿素含量为10g/L

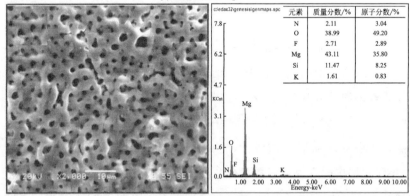

元素	质量分数/%	原子分数/%
N	2.11	3.04
O	38.99	49.20
F	2.71	2.89
Mg	43.11	35.80
Si	11.47	8.25
K	1.61	0.83

(c) 尿素含量为15g/L

图 7-2 电解液中不同尿素含量的超声微弧氧化镁合金涂层的表面形貌及能谱

7.4　超声微弧氧化镁合金涂层的相组成

图 7-3 为基础电解液和电解液中添加 10g/L 尿素制备的微弧氧化涂层的 X 射线衍射谱（XRD）。图 7-3（a）为电解液中不添加尿素制备的微弧氧化涂层的相组成，形成的涂层为 MgO。电解液中添加 10g/L 尿素所制备的涂层亦为 MgO，并未检测到含氮相［图 7-3（b）］。

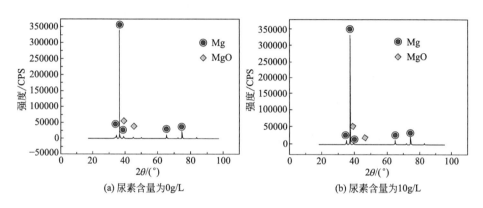

(a) 尿素含量为0g/L　　　　(b) 尿素含量为10g/L

图 7-3　微弧氧化镁合金涂层相组成

7.5　含氮氧化镁涂层模拟体液中的生物活性

7.5.1　模拟体液中浸泡 21d 材料表面的钙磷比

图 7-4 为电解液中尿素含量不同的涂层在模拟体液中浸泡 21d 的表面形貌及能谱，浸泡 21d 后材料表面的钙磷比分别为 1.33、1.37、1.50 和 1.40。当尿素含量在 10g/L 范围内时，随着尿素含量的增加，含氮镁合金涂层的生物活性随之增加，浸泡材料的表面的钙磷比由 1.33 增加到 1.50。但是当电解液中尿素含量达到 15g/L 时，浸泡材料的表面的钙磷比为 1.40，该值小于尿素含量为 10g/L 时制备的含氮氧化镁涂层的钙磷比。尿素含量为 10g/L 时制备的含氮氧化镁涂层诱导生物活性物质生成能力最好。

7.5.2　模拟体液的 pH 值变化

在模拟体液（SBF）中浸泡 21d 内，为保证人体模拟环境维持不变，每浸

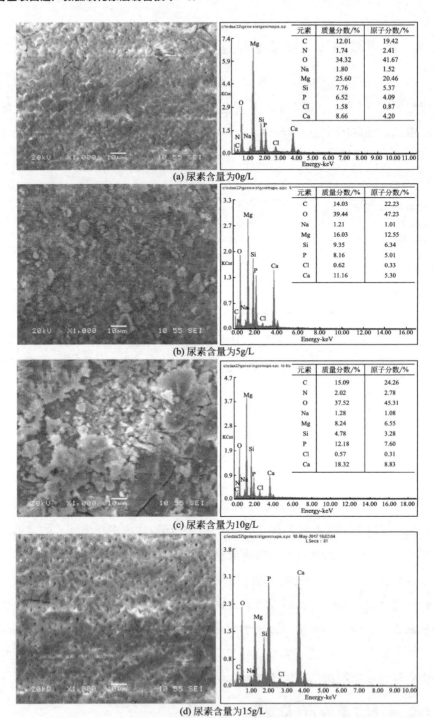

(a) 尿素含量为0g/L

(b) 尿素含量为5g/L

(c) 尿素含量为10g/L

(d) 尿素含量为15g/L

图 7-4　电解液中尿素含量不同的超声微弧氧化涂层在模拟体液中浸泡 21d 的表面形貌及能谱

泡 3d 更换一次模拟体液，并以每次更换后的 9h、24h、48h、72h 为一个周期检测 pH 值，具体 pH 值变化如图 7-5 所示。未添加尿素的涂层浸泡的模拟体液的 pH 值最大，最大值达到 8.1。尿素含量为 0g/L、5g/L 和 10g/L 的涂层浸泡的模拟体液的 pH 值变化趋势一致，在浸泡 24h 时达到最大值。尿素含量为 10g/L 时，模拟体液的 pH 值的变化最缓慢，且其 pH 值在浸泡的 72h 之内都小于 7.7。

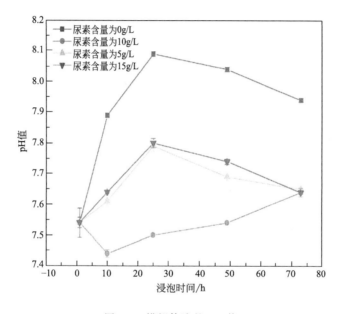

图 7-5 模拟体液的 pH 值

7.5.3 微弧氧化镁合金在模拟体液中浸泡 21d 的失重率

图 7-6 为添加不同含量尿素所制备的超声微弧氧化镁合金涂层在模拟体液中浸泡后的失重率，在模拟体液中浸泡 21d，其失重率明显不同。未添加尿素时，失重率达到 14.3%；尿素含量分别为 5g/L、10g/L、15g/L 时镁合金微弧氧化涂层的失重率分别 3.87%、2.5% 和 6.57%。尿素含量为 10g/L 时，微弧氧化镁合金涂层的失重率最小。

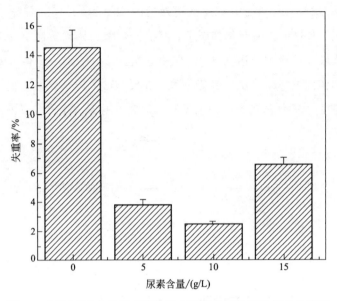

图 7-6   添加不同含量尿素的涂层在模拟体液中浸泡后的失重率

7.6　超声微弧氧化-氮化镁涂层的形成过程

微弧氧化过程中，在高压电场作用下，电解液中的 $CO(NH_2)_2$ 发生化学、电化学、电离等一系列反应，产生含氮的自由基 $[N]$，提供 Mg_3N_2 生成的氮源，有利于 Mg_3N_2 陶瓷层的形成。同时基础电解液中添加 $CO(NH_2)_2$ 后，电解液的电导率增加，提高了放电的效率，有利于氧化镁膜层的生长，其反应方程式如下：

$CO(NH_2)_2$ 在一定温度下将发生分解，反应式为：

$$CO(NH_2)_2 \longrightarrow [C] + CO_2\uparrow + 4H_2\uparrow + 4[N] \tag{7-1}$$

$CO(NH_2)_2$ 在溶液中水解，反应式为：

$$CO(NH_2)_2 + H_2O + 2e \longrightarrow CO_2\uparrow + 2NH_3\uparrow \tag{7-2}$$

$$2NH_3 \longrightarrow 3H_2\uparrow + 2[N] \tag{7-3}$$

同时阳极发生镁的活化反应，反应式为：

$$Mg \longrightarrow Mg^{2+} + 2e \tag{7-4}$$

电解液中的水发生电离，具体反应如下：

$$H_2O \longrightarrow H^+ + OH^- \tag{7-5}$$

$$2OH^- \longrightarrow H_2O + O^{2-} \tag{7-6}$$

所以阳极发生了氧化反应而生成氧化镁膜层，其反应如式（7-7）所示：

$$Mg^{2+} + O^{2-} \longrightarrow MgO \tag{7-7}$$

微弧放电加热极板附近的电解液，促进 $CO(NH_2)_2$ 分解，利于上述反应顺利进行，产生大量活性 [N]，且气体不断产生，并在阴、阳极表面析出。活性 [N] 与阳极电解形成的 Mg^{2+} 反应，在高电压下于样品表面烧结形成 Mg_3N_2 陶瓷层。阳极附近较高化学反应热使生成的 [N] 和 Mg 的反应维持进行，得到 Mg_3N_2，反应式为：

$$3Mg^{2+} + 2[N] \longrightarrow Mg_3N_2 \tag{7-8}$$

通过对基础电解液的改型，提高基础溶液的电导率，降低微弧放电的工作电压，促进微弧氧化过程的进行。微弧放电过程的进行反过来可以提供维持氮源释放活性 [N] 的能量，从而原位形成氮化镁膜层。镁合金微弧氧化过程中除了形成 MgO 膜层外，还可以形成 Mg_3N_2 膜层。由于 Mg_3N_2 含量较低，X射线衍射法并未检测到，但是通过能谱分析发现表面氧化镁涂层中引入了氮元素。

微弧放电过程中，随着 $CO(NH_2)_2$ 浓度的增加，微弧放电发生得更容易，即放电更剧烈，这有利于帮助膜层生长增加膜厚。但同时过程中产生更多的气体，导致形成的膜层中裂纹增加[图 7-4(d)]，因此尿素的含量存在极限值，在本研究中尿素的含量应小于 15g/L。

7.7　超声微弧氧化-氮化镁涂层的生物活性

不同含氮量的微弧氧化镁合金涂层体外模拟 21d 结果表明，尿素的含量为 10g/L 时，涂层诱导生物活性能力最佳，表面形成的物质钙磷比最大。尿素含量为 0g/L 和 15g/L 的氧化层表面仍然可见多孔结构存在，而尿素含量为 5g/L 和 10g/L 的氧化层表面生成了一层絮状物质，对其进行能谱测试发现镁含量均小于尿素含量为 0g/L 和 15g/L 的氧化层，说明形成的该活性物质对微弧氧化镁合金起到了很好的保护作用。因此，尿素含量为 5g/L 和 10g/L 的微弧氧化镁合金的失重率明显小于尿素含量为 0g/L 和 15g/L 的微弧氧化镁合金的失重率。未添加尿素的涂层失重率最大，主要是形成的涂层相对较薄，在浸泡过程中不能很好地阻挡腐蚀液的侵蚀，使得较多的镁发生溶解，使得电解液的pH 值增加，而添加 15g/L 尿素的涂层，其厚度相对较厚，但是涂层中的裂纹增加，从而一定程度上降低了其防护作用。因此，未添加尿素的涂层使得模拟体液的 pH 值最高，发生的反应如式（7-9）所示：

$$Mg+2H_2O \longrightarrow Mg(OH)_2+H_2\uparrow \tag{7-9}$$

在电解液中添加 $CO(NH_2)_2$ 能够改善涂层表面质量，涂层中生成的 Mg_3N_2 可能对材料的生物活性起关键作用。Mg_3N_2 遇水发生反应如式(7-10) 所示：

$$Mg_3N_2+6H_2O \longrightarrow 2NH_3\uparrow+3Mg(OH)_2 \tag{7-10}$$

NH_3 与体液环境中的氧气反应可能释放出使细胞功能化的 NO 物质，从而增加材料的生物活性。关于镁合金微弧氧化镁-氮化镁生物膜层的制备国内外未见报道。微弧氧化有效地改善了镁合金的耐蚀性，但是形成的氧化膜降低了金属镁的生物活性。目前，大多利用微弧氧化后处理等方法来改善上述矛盾，但是相比于微弧氧化一步原位形成含氮氧化镁复合膜层，其工艺复杂，同时含氮氧化镁复合膜层对改善生物材料活性方面的作用机理需进一步研究。

7.8 本章小结

（1）镁合金微弧氧化过程中，在基础电解液中添加 $CO(NH_2)_2$，形成了含氮氧化镁复合涂层。

（2）电解液中 $CO(NH_2)_2$ 浓度越高，越有利于反应进行，从而有利于涂层生长，使镁合金的耐蚀性增加。但是浓度高于 15g/L 的涂层中出现裂纹，耐蚀性有所下降。溶液中的 $CO(NH_2)_2$ 浓度为 10g/L 时，微弧氧化镁合金涂层的耐蚀性最佳。

（3）体外模拟 21d 过程中，电解液尿素含量为 10g/L 的镁合金涂层钙磷比为 1.50，具有最好的诱导生物活性能力，模拟体液的 pH 值保持缓慢增加，且小于 7.7。

◆ **参考文献** ◆

[1] Ding Wenjiang. Opportunities and challenges for the biodegradable magnesium alloy as next generation biomaterials [J] . Regenerative Biomaterials，2016，79-86.

[2] 袁广银，牛佳林 . 可降解医用镁合金在骨修复应用中的研究进展 [J] . 金属学报，2017，53

(10)：1168-1180.

［3］Witte F，Hort N，Vogt C，et al. Degradable biomaterials based on magnesium corrosion［J］. Current Opinion Solid State & Materials Science，2008，12：63-72.

［4］Dermience M，Lognay G，Mathieu F，et al. Effects of thirty elements on bone metabolism［J］. Journal of Trace Elements in Medicine and Biology：Organ of the Society for Minerals and Trace Elements，2015，32：86-106.

［5］Akiko Y. Biomedical application of magnesium alloys［J］. J Japan Inst Light Met，2008，58：570-576.

［6］Song G L. Control of biodegradation of biocompatible magnesium alloys［J］. Corrosion Science，2007，49：1696-1701.

［7］赖晓明，康志新，李元元. AZ31镁合金微弧氧化与有机镀膜的复合表面改性及功能特性［J］. 中国有色金属学报，2011，21（6）：1209-1307.

［8］肖月，陈洪伟，李慕勤，等. 纯镁超声微弧氧化-植酸-载锌复合膜层的细胞相容性［J］. 中国体视学与图像分析，2016，21（1）：117-122.

［9］刘继光，张翀睿，李慕勤，等. 纯镁微弧氧化-NaOH（HF）-硅烷复合处理涂层细胞相容性研究［J］. 中国体视学与图像分析，2015，20（1）：28-34.

［10］Holger Hoche，Juergen Schmidt，et al. PVD coating and substrate pretreatment concepts for corrosion and wear protection of magnesium alloys［J］. Surface & Coatings Technology，2011，205（7）：S145.

［11］何祥，郝英杰. 电解液微弧放电制备氮化铝陶瓷膜层研究［J］. 兵器材料科学与工程，2011，34（5）：14-17.

［12］Shunsuke Fujibayashia，Masashi Neoa，Hyun-Min Kimb，et al. A comparative study between in vivo bone ingrowth and in vitro apatite formation on $Na_2O-CaO-SiO_2$ glasses［J］. Biomaterials，2003，（24）：1349-1356.

［13］曲立杰，马春力，刘苗，等. 不同浓度尿素对医用纯镁电解液微弧放电含氮氧化镁膜层耐蚀性及体外生物活性的影响［J］. 中国体视学与图像分析，2018，23（1）：39-46.

第 8 章

医用镁合金研究展望

8.1　超声微弧氧化镁合金研究总结

本研究采用超声微弧氧化方法在镁合金表面制备含有 Ca、P 的生物活性涂层，通过研究超声对微弧氧化放电过程、涂层的组织结构、涂层残余应力、涂层力学性能、体外腐蚀性能及动物体内降解性能的影响，得出如下结论：

（1）超声使微弧氧化周期放电时间由 6 个脉冲时间延长至 7 个脉冲时间，同一个放电周期内微弧放电数量由 38 个增加至 81 个。涂层表面最大孔径由 $3\mu m$ 增加至 $8.6\mu m$。涂层的致密层厚度增加，表面层厚度降低，涂层总厚度由 $12.7\mu m$ 降至 $9.2\mu m$。微弧氧化过程中，涂层与基体界面处的镁合金发生重熔，超声有效地抑制了重熔金属凝固的枝晶生长，枝晶区由约 $15\mu m$ 降至 $3\mu m$ 左右。

（2）随着超声功率增加，纳米颗粒垂直于基体面长大，岛状与岛状粒子结合堆积生长，由棒状结构转变为板条状结构，粒子之间保持层层堆积生长关系。涂层主相 MgO 沿（111）、（222）、（200）和（220）晶面生长，并产生了 $Ca_3(PO_4)_2$ 和 $Mg_3(PO_4)_2$ 相。涂层中富含钙、磷生物活性元素，超声使涂层钙磷比由 0.252 增加到 0.399。

（3）超声提高了涂层与基体之间的冶金结合性，但增加了涂层表面粗糙度。120W 超声微弧氧化涂层结合性最佳，仅发生了第一阶段的开裂失效，失效载荷为 28N。超声微弧氧化涂层的摩擦因数高于微弧氧化涂层，120W 超声微弧氧化涂层的摩擦因数最高达到 0.45，使磨损仅发生在多孔的表层。

（4）超声改变了微弧氧化涂层表面及界面结构，进而增加了涂层在模拟体液和生理盐水中的耐蚀性能。电化学腐蚀电流降低了 1～2 个数量级，线性极化电阻增加了 1 个数量级，腐蚀电位明显增加。模拟体液中的缓冲剂增加了镁合金的腐蚀速率，在两种腐蚀液中腐蚀速率最小值为 $0.001mg/(cm^2 \cdot h)$。

（5）超声微弧氧化镁合金涂层腐蚀过程历经四个阶段，腐蚀介质侵蚀多孔层—腐蚀液穿过致密层形成钝化膜—钝化膜吸脱附过程—基体溶解。涂层的溶解、钝化膜的形成以及腐蚀产物的脱附是一个动态交替循环过程。微弧氧化镁合金涂层中，腐蚀初期发生了严重腐蚀，腐蚀产物与基体发生了剥离，镁合金基体发生了点蚀。

（6）生物涂层及镁在动物体内的降解，主要是通过肾脏以尿液的形式排出体外。超声微弧氧化植入组中血液中镁离子的浓度均在参考范围内，而微弧氧化组中 13 周和 15 周时以及电化学沉积后处理组 15 周时镁离子的浓度超出参考值。

（7）超声微弧氧化镁合金种植体表现良好的骨生长状态，24 周时种植体剩余 29.5%，而且种植体与新生骨结合紧密；电化学沉积后处理涂层组在种植前 8 周成骨能力强，但后期骨生长速度减慢；微弧氧化涂层组 12 周时仅见编织骨形成，生物活性低于上述两组种植体；微弧氧化和电化学沉积后处理两组种植体 24 周时均发生完全降解，失去承载能力。

（8）利用超声微弧氧化技术成功制备了含氮氧化镁生物活性涂层，该技术为生物镁合金的表面改性提供了很好的技术支持。

8.2　医用镁合金研究展望

从 21 世纪初开始，以可降解镁合金为主要代表的具有生物可降解特性的新一代生物医用金属材料的研究发展迅速。其抛弃了通常将医用金属植入材料作为生物惰性材料使用的传统思路，而利用了某些金属在人体环境中易腐蚀的特点。其可完全改变现有相关金属植入器件的设计与功能，带来新的医疗效果，因此被欧美国家等称为具有革命性的生物医用金属材料。

近 10 年来，可降解镁合金研究在国际上一直非常活跃且发展迅速，现已逐渐进入到医学临床应用的研究阶段。我国在可降解镁合金研究方面与国际发展同步，总体研究水平处于国际领先，具有一批完全自主知识产权的技术成果。中科院金属研究所、上海交通大学、北京大学、西南交通大学等单位与相关医疗器械企业密切合作，已开始进行可降解镁合金、铁植入器件产品的开发及医学临床研究，得到了国内外的特别关注。

目前国际上，在该领域的研发和产业化竞争非常激烈，几十个生物材料研究组都在不同程度地进行可降解镁合金方面的研究及产品开发。其中德国 GKSS 轻金属研究所得到每年 500 万欧元的滚动经费支持，研究开发新型可降解镁合金及相关植入器件。美国国家自然科学基金会于 2008 年批复由北卡莱罗纳农工大学牵头联合其他多所大学和研究机构建立"革命性医用金属材料"工程研究中心，进行以可降解镁合金为主的新型医用金属材料及植入器件产品的研究开发。到目前为止，德国的 Biotronic 公司开发的可降解镁合金心血管支架（AMS）和 AAP 公司开发的可降解镁合金骨钉等骨科植入产品均已进入临床试验阶段。

目前临床应用的可降解金属材料多为可降解纯镁或镁合金的螺钉，由于其力学性能较钛、不锈钢等材质差，因此现阶段主要应用于非承重区的固定。在我国的可降解金属体内植入产品的开发也取得了显著进步，已有多家公司进行了临床前动物实验，并且东莞宜安科技有限公司的可降解纯镁螺钉已经进入临床审批阶段。